創富教育 CEO **杜云安**
AI 數字賦能導師 **吳宥忠** 合著

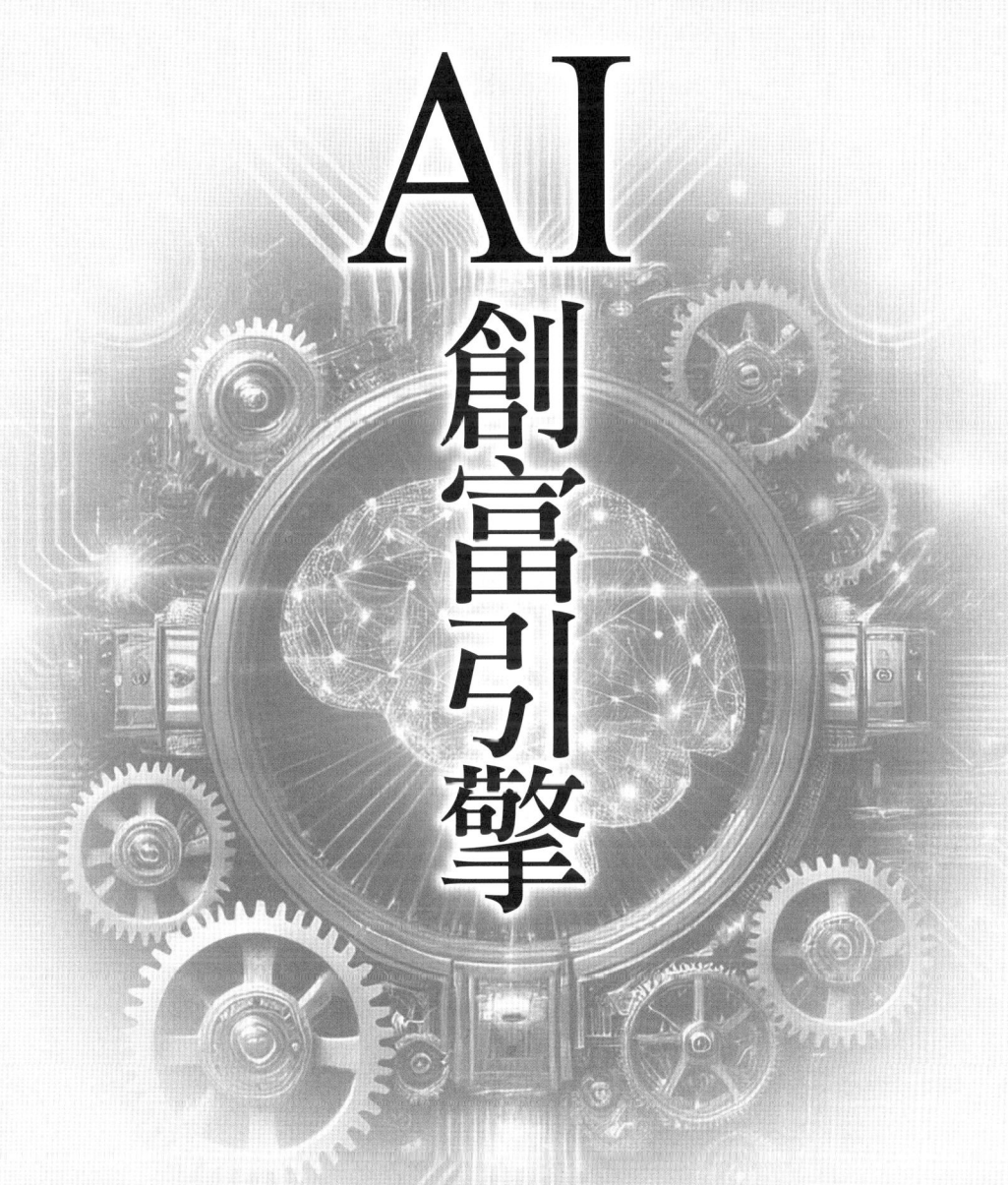

AI 創富引擎

賦能產業，打造財富未來的行動指南

國家圖書館出版品預行編目資料

AI創富引擎／杜云安、吳宥忠著 -- 初版. -- 新北市：創見文化出版, 采舍國際有限公司發行, 2025.09 面；公分--

ISBN 978-626-405-042-5（平裝）

1.CST: 人工智慧　2.CST: 產業發展
3.CST: 職場成功法

312.83　　　　　　　　　　　114008947

AI創富引擎

創見文化 · 智慧的銳眼

作者／杜云安、吳宥忠

出版者／創見文化

總顧問／王寶玲

總編輯／歐綾纖

文字編輯／蔡靜怡

美術設計／Maya

台灣出版中心／新北市中和區中山路 2 段 366 巷 10 號 10 樓

電話／（02）2248-7896　　　　　　傳真／（02）2248-7758

ISBN／978-626-405-042-5

出版日期／2025 年 9 月

本書採減碳印製流程，碳足跡追蹤，並使用優質中性紙（Acid & Alkali Free）通過綠色碳中和印刷認證，符合歐盟&東盟環保要求。

全球華文市場總代理／采舍國際有限公司

地址／新北市中和區中山路 3 段 120 之 10 號 B1

電話／（02）2226-7768　　　　　　傳真／（02）8226-7496

華文自資出版平台
www.book4u.com.tw
elsa@mail.book4u.com.tw
iris@mail.book4u.com.tw

全球最大的華文圖書自費出版中心
專業客製化自資出版・發行通路全國最強！

開啟AI時代的創富之路

人工智慧正在重新定義我們的世界，這不僅是一場技術革命，更是一場財富分配的重新洗牌。過去的工業革命讓我們見證了機器如何釋放體力勞動，而今天的AI革命則是智慧與創意的解放。掌握這波浪潮的人，將不僅僅是見證者，而是參與者與贏家。

《AI創富引擎》是一本關於行動力與洞察力的指南。它不是空談AI的技術術語，而是告訴你如何在真實世界中應用AI，從零開始打造屬於你的創富計畫。無論你是企業家、投資者，還是希望提升職場競爭力的個人，這本書都提供了清晰的行動路徑和實用工具。

在書中，您會看到AI如何賦能零售、金融、醫療等行業，了解市場背後的趨勢數據與案例，並發現新的機會藏在哪裡。從如何投資AI時代，到使用AI工具解決實際問題，這本書涵蓋了每一步需要的策略與心態，讓您不再迷茫於科技浪潮中。

我特別欣賞杜云安老師2025年元月親自來到美國「矽谷」這樣的高科技的環境，向全球No.1的AI企業取經，並且在我公司「Founders Space」跟我探討了共同合作的「AI創富學院」的AI創業課程，寫出的此書有三大特色：

★ **系統性**：它清晰地剖析了AI的應用場景與投資機會，並將複雜的技術化繁為簡。

★ **實用性**：書中的工具與技巧都能直接落地應用，讓讀者真正做到邊學邊用。

★ **前瞻性**：它不僅聚焦於當下的財富機會，還描繪了AI未來藍圖，幫助讀者搶先一步進入未來。

在快速變化的時代，我們每個人都面臨一個抉擇：是等待變革將我們推到一邊，還是主動擁抱改變，成為變革的主導者？如果你選擇後者，那麼這本書就是你的指南針。

而我與杜云安老師在台灣成立「AI創富學院」，可以幫助各位讀者一起抓住這個時代的機遇，創造一個屬於自己的財富未來。

杜云安老師與
矽谷創投教父霍夫曼（Steve Hoffman）
於Founders Space孵化器交流

美國矽谷創投教父──史蒂文・霍夫曼 *Steven Hoffman*

Founders Space 董事長兼首席執行官

《讓大象飛》《穿越寒冬》《原動力》作者

AI如何成為你的普惠創富槓桿

我一直相信，科技的價值，不是存在於冷冰冰的晶片中，而是在於它能否真正改變我們的生活與命運。

過去十年，我走遍企業培訓圈、EMBA教育圈與創業圈，接觸過無數人。他們有的才華洋溢，卻苦無機會；有的努力不懈，卻因資訊落差、技術門檻而始終原地踏步。直到AI的出現，我才第一次看到——一種真正能打破階級與資源限制的機會。

AI，不只是科技浪潮，它是這個時代最民主、最普惠的創富工具。

有人用AI寫出爆款文案、製作影片接單賺錢；有人靠AI設計品牌包裝，從接案變創業；有人用AI做國際行銷，把數位產品賣到世界各地。這些案例讓我看見一個現實——我們正在從「靠體力、靠關係、靠資源」的時代，轉變為「靠工具、靠智慧、靠行動」的時代。

本書是我長年實務教學與研究的成果。這不是一本講技術細節的書，而是一本讓你「看懂趨勢、啟動行動、掌握創富路徑」的實戰指南。我想分享的，是這個時代的三個核心觀念：

一、AI是窮人翻身的槓桿

你不需要會寫程式，不需要懂機器學習，甚至不需要離開你原本的專業，只要你願意學習，AI就能成為你手上的超能力。它能幫你減少

錯誤、放大成果、節省時間，這就是我在 AI 賺錢機器課程中教的「槓桿」。掌握得越早，你能創造的價值就越大。

二、AI 不會取代人，但會取代不會用 AI 的人

很多人害怕 AI 奪走工作，其實更該問的是：你準備好和 AI 合作了嗎？

真正厲害的人，會讓 AI 幫自己跑腿、找資料、寫企劃、分析報表、管理內容，甚至創建整套商業模式。你做決策，AI 幫你執行。這才是新時代最強的生產力組合。

三、AI 最強的價值，不在工具，而在模式

一個人掌握再多工具，如果沒有創富模式，也只是當別人的免費勞工。但如果你懂得如何用 AI 建立系統、建立品牌、建立流量閉環，那你就不是在工作，而是在創造資產。

這也是我在書中反覆強調的重點：不要只當用戶，要成為 AI 商業模式的創造者。

我與吳宥忠老師共同創立「AI 創富學院」，就是想用最實用的方式，幫助更多人打開 AI 創富的大門。我們看到太多人明明有能力、有想法，只差一套方法；我們也見證了太多人，靠著 AI 走出人生困局，翻轉自己的職涯與財富。

做知識付費 20 年，坦白講，是需要慈悲心的，慈悲是指，我們要理解這個世界上更多的人。眾生或出於匱乏、或出於恐懼、或者被生活懲罰太久……他們剛好處於能量或者認知狀態被封鎖的情況，無法有效

接受到外界的信息。

比起傳授給他們解決人生困苦的方法，我們要先花一半以上的時間來打開他的心門，讓他願意接受信息，而且，打開他們心門的鑰匙還不一樣，這便是渡人。

要渡這些人，我們就要閱盡人生百態、看眾生疾苦，這個過程，不亞於親身經歷了千百世的輪迴。如果我們無法取得成功，那只能證明一件事，我們打不開眾生的心門、也就提供不了讓他們向善向好的能量加持。

知識付費，是借背上別人的因果，苦修自己的道。古往今來，以知識渡人的大聖賢、大修行者，全都是背上了學生、家國甚至是時代的因果。孔子、蘇格拉底、佛陀、王陽明……

唯有矢志不渝地懷著慈悲心腸，和志同道合人一起，做能夠改善他人生活的事。直至眼中只有用戶，放下週期、風口和錢這些我執，知識付費才有做成的可能。在理解眾生的過程中，我們才會逐漸生出真正的慈悲心，而賺到錢，只是我們功德圓滿的標誌。

而這，就叫做渡己，叫做修行。這本書寫給每一個修行者！

AI已至，行動為王：
你的創富引擎，從此刻啟動

我們正在見證一場比工業革命更徹底的文明進化。人工智慧（AI），正以前所未有的速度滲透世界的每一個角落，並悄悄地改寫我們對產業、商業、工作，甚至是個人價值的定義。

這不是一場單純的技術升級，而是一場關於「誰能掌握未來」的財富重分配。

朋友，這場變革已經開始，而它的速度比你想像中還要快上十倍。一如當年的電力、網路、智慧型手機，AI已經不再是科幻電影的夢，而是擺在你我面前最現實的商業武器、創業工具與升級捷徑。那些懂得運用AI創造價值的人，正悄悄在這波浪潮中築起他們的金山銀海；而那些還在觀望的人，已經錯過了第一班列車。

這本《AI創富引擎》，是我寫給這個時代每一位「不甘於平庸」的人。它不是寫給學術專家或技術宅男的書，而是為所有希望把握這波機會、用AI打破現狀、翻轉人生的實戰指南。不論你是創業者、企業家、斜槓青年、職場老鳥還是自由工作者，我希望你能從這本書裡找到一個出口，一條升級的路徑，一把劃破未來的利劍。

我相信，AI真正的價值，不是技術本身，而是「誰能最快學會用它」的人。

你不需要會寫程式，你不需要懂演算法，你只需要有一個企圖心：我不想錯過這個時代。我想做些什麼。我想用AI，為我創造收入、提升價值、賦能事業。

這本書將帶你從AI的商機地圖出發，學會如何洞察產業變局、如何把握個人優勢、如何選擇合適工具、如何建立創富模型。我也會從Steven S. Hoffman這位我深受啟發的導師角度出發，分享他的洞察、邏輯與對未來的預判，幫你建立起一套看得見、摸得著、可以落地的AI思維系統。

這不是一本只談觀念的書，而是一本催促你「立刻行動」的書。因為我深信：未來的勝利者，不是知識最多的人，而是最快應用的人。

AI已不是選項，而是你能否繼續競爭的底線。

你可以選擇懷疑，但別忘了——這波浪潮不會等你準備好才來。現在，就是你出發的時刻。

現在，就是你創富的起點。讓我們，一起啟動這具AI引擎，直奔未來！

吳育宏

Part 1　AI商機的浪潮

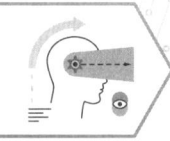

- Trend 1　AI如何改變全球產業結構 ……… 016
- Trend 2　全球AI市場規模與成長趨勢 ……… 026
- Trend 3　AI在關鍵行業的顛覆性應用 ……… 037
- Trend 4　AI帶來的新創業與就業機會 ……… 049
- Trend 5　AI如何推動「智能經濟」的到來 ……… 061
- Trend 6　AI驅動的新型商業模式 ……… 073
- Trend 7　AI與Web3、區塊鏈技術的結合 ……… 084

Part 2　Steven S. Hoffman 教會我們的事

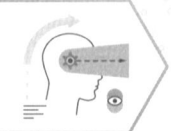

- Point 1　AI具備指數級成長能力 ……… 098
- Point 2　AI將重新定義工作 ……… 102
- Point 3　AI與人類智能的界線將變得模糊 ……… 107
- Point 4　AI會改變決策方式 ……… 112
- Point 5　AI將改變學習與教育模式 ……… 118

Point 6	AI可能會發展出「自我意識」	123
Point 5	AI在醫療領域的突破	128
Point 4	AI在軍事與國防的應用	133
Point 9	AI與區塊鏈的結合	138
Point 10	AI可能將人類推向「技術奇點」	143
Point 11	立即行動，成為AI創富時代的贏家！	148

Part 3 AI創富工具

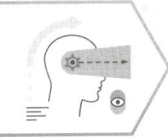

Application 1	生成影片與內容創作	154
Application 2	AI文案與行銷自動化	161
Application 3	AI賦能白業開啟智慧產業新世代	166
Application 4	AI交易與量化投資	171
Application 5	AI數字人與虛擬偶像	176
Application 6	AI自動客服與商業應用	181
Application 7	AI生成設計與品牌打造	187
Application 8	AI開發自動化與程式生成	193
Application 9	AI教育與在線學習	198
Application 10	AI自動化創業	204

Part 4　AI未來願景

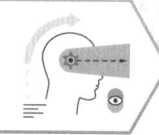

- **Vision 1**　AI重塑人類社會與經濟結構 ………… 212
- **Vision 2**　AI如何提升個人與企業價值 ………… 224
- **Vision 3**　AI創富的未來模式 ………… 237
- **Vision 4**　AI科技如何影響教育與人才培養 ………… 251
- **Vision 5**　AI創富學院的構想 ………… 263

Part 5　AI創富新格局

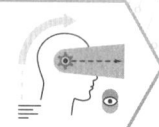

- **Topic 1**　杜云安老師美國AI行 ………… 276
- **Topic 2**　CXO一人公司的到來 ………… 321
- **Topic 3**　AI時代的個人企業帝國 ………… 339
- **Topic 4**　創富教育AI培訓的五大願景 ………… 347

別再錯過下一波機會：
人人都該懂的AI致富關鍵

我們正站在一場前所未有的時代浪潮前——AI不再只是實驗室裡的黑科技，也不只是科技巨頭才能駕馭的專利，而是即將滲透每一個產業、每一個職位、每一個人的未來。

近年來，我們清楚看見了一個訊號：AI將全面重塑人類的工作方式與商業模式，而最迫切的挑戰，不是技術的缺乏，而是——人才的斷層。

許多人以為AI是工程師的事，是科技公司的工具。但事實是，未來的創業者、行銷人員、教育者、創作者、甚至自由接案者，都必須懂得運用AI，才能在新的經濟秩序中掌握主動權。AI已經不是「可選項」，而是「生存條件」。

這本《AI創富引擎》，不只是分享技術趨勢，而是要告訴你：

「AI是一種可以學習的工具，也是一種可以改變命運的能力。」

杜云安與吳宥忠老師，一位長期深耕商業訓練與產業轉型，一位專注AI技術教育與數位創富模式。我們在過去幾年持續投入AI實戰應用的推廣，也親眼見證了許多人的轉變：有人用AI成為月入百萬的內容創作者，有人靠AI自動化經營個人品牌，有人將傳統企業轉型為智慧商業組織。

這些經驗讓我們確信：只要有對的方法，人人都能用AI創造價值，甚至創造財富。因此，我們共同創辦了《創富AI教育》這個培訓體系，目標只有一個——讓AI成為每個人都能掌握的創富工具。

我們不是為了討論技術，而是為了解決現實問題；不是為了炫耀工具，而是要點燃行動的引擎。

這本書，正是我們教學與實戰的結晶。我們將會告訴你：

- **如何用AI強化職場競爭力**
- **如何用AI發展個人品牌與副業**
- **如何用AI打造一人企業的自動化系統**
- **如何用AI投資、創業、變現**
- **以及——如何讓AI成為你最強的事業夥伴**

未來10年，不是企業在主導市場，而是懂得善用AI的個人將創造新的商業秩序。而這本書，就是你加入這場變革的第一站。

誠摯邀請你，與我們一起開啟這場智慧創富的旅程。

Part 1

AI 商機的浪潮

★★★ TREND ★★★

AI 的風暴不再是想像,而是正在改變世界的力量。
本章帶你從全球產業變革的高度,看懂 AI 如何重塑經濟格局,顛覆關鍵行業,催生新型創業與就業機會,預見「智能經濟」的到來,掌握這波財富重分配的關鍵趨勢。

TREND 1

AI如何改變全球產業結構

AI不僅提升產業效率,更將重塑全球經濟格局,哪些產業將因AI崛起,哪些又將被AI淘汰?

重點 1　AI賦能下的五大行業智能革新

在人工智慧的新浪潮下,產業升級與結構重塑已成為不可逆轉的趨勢。AI正以前所未有的速度與深度,滲透至各個產業環節之中,尤其在零售、醫療、金融、製造與教育這五大行業中,AI不再只是輔助工具,更是推動產業革新的核心驅動力。這些行業不僅率先感受到技術變革帶來的衝擊與契機,也展現出一種全新的價值創造模式,成為AI賦能的典範代表。

零售業:從商品導向到顧客洞察的進化

傳統零售的核心在於供應鏈與銷售通路的優化,而現代零售則轉向以「消費者體驗」為核心的智慧零售。AI的應用,正是這場轉型的關鍵推手。透過科技技術,AI可分析顧客在店內的動線與停留時間,辨識哪些商品吸引目光、哪些被忽視。再結合消費紀錄與行為預測模型,零售商可以實現精準行銷,推送個人客製化的促銷資訊,提升銷售率。

例如，阿里巴巴的「淘鮮達」超市結合 AI 系統與即時庫存，能根據天氣變化自動調整生鮮商品的價格與庫存補貨量。Amazon 的無人商店 Amazon Go，則透過 AI 與感測器實現「拿了就走」的無感結帳體驗，完全省去排隊與收銀的流程，大幅提升顧客滿意度與回購率。

醫療產業：從標準診療到個人化醫療的飛躍

在醫療領域，AI 的進展不僅限於提高效率，更關乎「生命的品質與時間」。AI 已廣泛應用於醫學影像分析，能夠在短時間內從上千張影像中找出病灶，比人眼更為精準。像是 Google DeepMind 開發的眼科診斷模型，可辨識超過 50 種眼疾，診斷準確率媲美資深專科醫師。

此外，AI 也協助醫師從浩如煙海的病歷與研究中挖掘隱藏的模式，提供精準的治療建議。例如 IBM Watson for Oncology 可根據患者的基因與病史，推薦個人化的癌症治療方案，大幅縮短診斷與治療決策的時間，提升病患存活率與醫療資源使用效益。

更進一步，AI 正協助遠距醫療發展，讓偏鄉或醫療資源稀缺地區的患者，也能獲得高品質的醫療服務。這不僅提升了整體健康照護的公平性，也開啟了醫療產業的新商業模式。

金融業：從風險管理到智慧投資的全域革新

金融業一直是對數據極度敏感的產業，因此 AI 的導入速度特別快。從風險控管、詐騙預警，到信貸評分與投資決策，AI 正在改寫金融操作的邏輯。傳統上，銀行需要透過人工審核大量文件才能核貸，如今透過 AI 模型，幾分鐘內即可完成信用評估，不僅大幅提高效率，還能避免人為偏見。

量化交易則是AI金融應用中最具代表性的範例。透過演算法與大量歷史數據分析，AI可在毫秒之間完成股票、外匯、期貨等資產的交易決策，比人類投資人更快、更準。像是Bridgewater、Citadel等對沖基金，早已建立龐大的AI投資團隊，將模型交易作為主要獲利來源。

此外，AI還強化了防詐系統。透過行為異常偵測，AI可即時阻止可疑交易發生。例如，Mastercard與Visa等國際信用卡公司，已導入AI系統篩選可疑交易，成功攔阻上千萬筆潛在詐騙案件，為全球金融安全提供強大屏障。

製造業：智慧工廠與預測性維護的新時代

傳統製造業向來依賴人力與流程標準化，而AI則賦予了製造系統「自我學習與調整」的能力。在智慧工廠中，感測器與AI系統協同運作，不但能實現生產排程的即時優化，還能預測設備可能出現的故障，主動安排維護，避免生產中斷。

例如，西門子在其德國工廠導入AI與IoT（物聯網）結合的系統，設備可根據聲音與震動變化預測馬達老化程度，提前發出維修警訊，減少設備非預期停機時間高達30%。而台灣許多中小型製造業者，也開始使用AI進行品管自動化，藉由影像辨識取代人工檢驗，不僅節省人力，也提高良率。

AI還能分析市場需求趨勢，調整產能與原料採購策略，讓製造業更加彈性與敏捷，應對瞬息萬變的市場環境。

教育產業：從灌輸式教育走向智慧引導學習

教育是最具社會影響力的產業之一，而AI的進入，為這個傳統行

業注入了前所未有的活力。AI助教、智慧學習平台、學習分析系統，正在改變學生的學習方式，也重新定義了教師的角色。

以個人化學習為例，AI能根據學生的答題記錄與學習行為，動態調整課程內容與進度，讓每位學生都有最適合自己的學習路徑。像是美國的Knewton或中國的作業幫等平台，皆提供AI驅動的適性化教學服務，大幅提升學習成效。

另一方面，AI還能針對學習困難的學生及時發出預警，協助老師進行輔導介入，預防學習落後或中輟情況的發生。這樣的科技應用，不只是提升了學習效率，更落實了「教育平權」的理想。

從以上五大行業的案例不難看出，AI不只是改善流程的工具，更是徹底翻轉產業結構的引擎。每一次典範的轉移，都蘊藏著新的創富機會。而理解這些轉變的本質，正是掌握未來財富密碼的第一步。

重點 2　AI淘汰潮來襲——哪些工作正面臨被取代？

隨著AI技術的迅速進化與廣泛落地，一場前所未有的「職場地震」正悄然蔓延。在這場由演算法驅動的產業變革中，許多傳統職業正在被重新定義，甚至面臨消失的命運。這不是危言聳聽，而是全球勞動市場真實上演的現象。AI不僅是生產力的催化劑，也逐漸成為人力資源的「替代選項」。

被AI優先取代的「重複性工作」

AI最擅長處理的任務，往往具有明確邏輯、標準化程序與高頻重複性。因此，首波受到衝擊的就是那些依靠固定流程操作、無需創造力

與判斷力的職務。

以傳統客服為例，過去企業需僱用大量客服人員輪班處理電話或文字諮詢，但如今AI聊天機器人（如ChatGPT、Dialogflow、Kuki等）已能提供全天候、即時且多語言支援。它們不僅可以回答常見問題，還能依據上下文理解用戶意圖，甚至逐步引導對話完成訂單、退款或技術協助。這讓企業能大幅降低客服成本，同時提升效率與顧客體驗。

同樣地，行政助理、資料輸入員、文書處理人員等職位也受到極大威脅。AI工具如Notion AI、Microsoft 365 Copilot、Grammarly等，能自動生成報告、整理會議紀要、修飾文句，甚至幫助排定日程與寄送郵件。這些原本仰賴人力的日常工作，正被自動化技術逐步接手。

不再安全的「白領專業職」

許多人誤以為只有基層職位會被淘汰，白領工作相對安全。但事實上，某些中層白領，特別是依賴「資訊輸出」與「基本分析」的職位，也正在失去獨占優勢。

例如行銷文案寫手與廣告企劃。AI文案生成工具（如Jasper、Copy.ai、Writesonic）已能快速依據關鍵字、產品特性與受眾設定，自動撰寫商品描述、廣告文案、社群貼文與SEO文章。若行銷人員沒有結合這些工具來提升內容產能與品質，就極有可能被「成本更低、速度更快」的AI系統所取代。

法律與醫療領域亦有類似趨勢。初階法律諮詢，如法律條文查找、合約條款解釋，現在已能透過AI快速完成。像是DoNotPay這類應用程式，能幫助用戶處理交通罰單、退費申訴甚至撰寫法律文件草稿。醫療方面，AI系統能根據輸入症狀描述，提供初步健康建議，讓用戶在

就診前獲得篩檢與風險評估。

雖然AI目前仍無法完全取代專業律師與醫師，但其在「前段流程」的參與，已讓部分輔助性職位面臨功能被邊緣化的風險。

這不是淘汰，而是「職能大洗牌」

與其說這是一場失業風暴，不如說是一場職場技能的篩選與升級。被取代的，並不是人類的價值，而是那些未能與時俱進的舊有技能與工作模式。

AI不會取代所有人，但會取代「不會用AI」的人。舉例來說，會用Excel與Word的人，將被會用ChatGPT整合報告、用Python自動分析資料的人取代。能寫程式的工程師，若不懂AI模型設計與應用，就會被「懂AI的非工程背景人士」超越。這正是我們所處的現實：不是誰的職稱高、年資久，就能免於時代更替；而是誰更快擁抱改變、更善於結合AI，才能在未來生存與領先。

哪些技能將成為未來的核心競爭力？

與其恐懼被取代，不如正視新時代所需要的「超人類技能」。在AI時代，以下四類能力將變得越來越重要：

1. **AI應用力**：能夠靈活運用各種AI工具，協助決策、產出與溝通。例如，會使用ChatGPT來規劃行銷策略、會用Midjourney產出商品視覺素材、懂得用Notion AI整理知識資料庫。
2. **問題定義與解構力**：AI善於解答，但人類仍是定義問題的關鍵。懂得拆解問題、設定AI輸入條件，將成為新時代的解題高手。
3. **創造力與跨領域思維**：AI再強，也難以模仿人類的創造直覺與

靈感。能夠結合設計、美感、人性洞察與技術思維的人才,將擁有難以取代的競爭優勢。
4. **人際影響力與溝通力**:在高度自動化的世界,情感連結與說服力反而變得更稀缺。懂得帶領團隊、激勵人心、擁有領導影響力的人,會比純技術導向人才更具發展空間。

AI不是敵人,而是你的升級夥伴

我們應該意識到:AI並不是來取代你,而是來「提醒你該進化了」。這一波AI浪潮雖然帶來了職場不確定性,但同時也創造了前所未有的機會。當人人都可以免費使用強大工具時,真正的區別就在於「誰懂得怎麼用」,以及「用來創造什麼價值」。

對企業而言,如何進行人力轉型、培養AI資源整合力;對個人而言,如何不再執著於過去的職稱,而專注於建立不可替代的能力組合,這才是我們該投資的長期方向。

AI帶來的不是終點,而是一場全新的起點。
你可以選擇被取代,也可以選擇升級。
關鍵,不在AI,而在你是否願意學習、擁抱、並駕馭它。

重點 ③ 突圍關鍵——數位轉型的AI引擎

在AI成為全球產業核心動能的今天,傳統企業正面臨一場前所未有的挑戰。如果說20年前的數位革命是資訊化的起點,那麼今天的AI革命,則是數位轉型的加速器與轉折點。這場由人工智慧驅動的產業

重構，讓所有企業無法再用過去的方式生存，特別是那些依賴經驗與人力密集的傳統產業，更需儘早啟動變革，否則極可能在競爭洪流中被淘汰。

AI不是工具，是驅動企業升級的「新引擎」

許多企業將數位轉型誤解為「導入一套ERP或CRM系統」，或者「購買幾個AI軟體」。事實上，數位轉型不是購買科技，而是「重建企業核心邏輯」的過程。AI不是輔助，而是驅動企業決策、流程與價值鏈創造的「引擎」。這場轉型的核心，不是把舊東西自動化，而是用AI重新定義：我們該提供什麼？為誰服務？用什麼方式實現？

AI的最大價值，在於它能將過去無法量化的數據，轉化為可行動的洞察。企業不再只能靠經驗判斷，而是透過即時分析數據、預測趨勢、模擬決策效果，來做出更快速、精準的決策。這種能力，就是在變動劇烈的市場中生存與領先的關鍵。

AI賦能企業營運的三大轉型場景

1. 智慧化內部流程：從效率提升到風險預防

以製造業為例，透過機器學習與IoT感測器，企業可以即時掌握設備運轉狀況，預測維修時點、降低意外停機率，進一步提升產能穩定性與資源配置效率。不再是「壞了才修」，而是「還沒壞就優化」。

在金融與保險業，AI可自動分析申請資料、歷史風險與行為模式，協助核保決策或詐騙偵測，減少人工審查錯誤與延誤。

2. 精準化顧客經營：從產品導向轉為人性導向

零售企業透過AI分析會員消費行為、點擊紀錄與商品偏好，打造

個人化推薦機制。例如某知名電商平台便能根據每位顧客的行為模式，自動調整首頁商品排序、推播訊息內容，提升轉單率與回購率。

同時，語音客服系統與虛擬助理也讓企業在維持高服務品質的同時，降低大量客服成本，提供7×24的穩定支援，能強化顧客忠誠度。

3. 創新化價值輸出：從商品銷售走向數據經濟

更多企業也開始思考，如何將AI從內部工具轉為外部創新能力。像物流業者，透過AI建構智能派送系統與路線規劃平台，不只提升配送效率，也可將這套系統商品化，販售給中小型商家使用，開拓全新營收來源。

這代表AI不只是讓企業「更有效率」，而是讓企業「變得不一樣」。

成功的關鍵不是科技，而是文化與思維

當企業進入AI轉型的深水區後，會發現最大的阻力其實不是技術門檻，而是「組織文化」與「領導思維」。許多決策者仍抱持「以前這樣做就很好」、「我們產業不需要AI」的心態，導致整體推動緩慢甚至半途而廢。

AI轉型需要跨部門協作、資料共享與流程再設計。這代表企業需要從上而下建立「學習科技」、「擁抱變化」、「允許試錯」的組織氛圍。領導人如果只是要求績效、卻不支持學習，就無法讓AI真正落地。成功的AI轉型企業通常具備三個特質：

- ☑ 願意打破部門牆，整合內外部數據。
- ☑ 由高層主導推動，給予資源與授權
- ☑ 重視員工培訓，讓每一層級都懂得如何與AI共舞。

未來的競爭，不是資源多寡，而是 AI 使用的「聰明程度」

當 AI 資源越來越普及，競爭就不再是誰有錢買工具，而是「誰用得更聰明」。懂得透過 AI 降低決策時間、減少錯誤率、創造新價值的企業，將能快速突圍並在市場中獲得主導權。

例如，美國一家傳統家具製造商，導入 AI 分析市場需求與顧客反饋後，改變了長年不變的產品設計，並用 AI 生成樣式圖、測試市場反應，讓原本銷量停滯的產品線在一年內翻倍成長。這不是靠「砸錢」，而是靠「洞察」與「速度」。

同樣的例子在保險、地產、連鎖餐飲、教育、物流等傳統產業中比比皆是。那些願意用 AI 重新思考流程、用數據重新定義價值的公司，正在悄悄甩開他們的競爭對手。

AI 不是轉型選項，而是企業生存的門檻

我們可以這樣理解：在過去的 10 年，是否有網站或社群行銷，決定了企業能否與時俱進；而在未來 10 年，是否擁抱 AI、理解 AI、善用 AI，將決定一家企業能否「活下去」。

數位轉型不再是大企業專利，也不再是科技公司的話題，而是所有企業、所有領導人此時此刻就該啟動的變革。AI，不只是未來的關鍵，它已是現在進行式。

全球AI市場規模與成長趨勢

AI產業規模成長驚人，市場預測顯示未來10年AI將持續成為最具投資價值的技術之一。

重點 1　AI市場的爆發式成長——從百億到兆元的飛躍

十年前，AI對多數人而言，仍是一種模糊的科技名詞；但如今，它已成為全球產業發展的核心引擎之一。從語音助理、智能客服、影像辨識，到無人車、智慧製造、AI藝術創作，AI技術正快速滲透到人們生活的每一個角落。

而在這背後，AI市場的規模，也正以驚人的速度成長，寫下一頁又一頁的產業奇蹟。

生成式AI領航：從140億到500億美元的跳躍

根據市場研究機構Omdia的數據顯示，生成式AI（Generative AI）在2022年的全球市場規模約為140億美元，但預估到2027年將突破500億美元。這種成長速度在科技領域極為罕見，等於每年都在以超過25%的複合成長率遞增。

生成式AI的應用從內容創作、行銷文案、代碼生成、藝術設計到

企業知識管理與自動化作業，幾乎涵蓋了所有需要創造與資訊輸出的領域。ChatGPT、Midjourney、Runway、GitHub Copilot等工具成為全球企業爭相導入的關鍵武器，為創意產業與知識產業開啟了生產力新紀元。

這一類AI產品的核心價值，不僅是節省人力，更在於釋放人類的創造力，使得「靈感落地」變得快速而具規模性。這正是為何生成式AI能成為最先吸引資金注目的子領域之一。

整體AI產業：十年內邁向1.8兆美元

若將目光放大到整體AI市場，根據Next Move Strategy Consulting的預測，2022年全球AI產值約為1000億美元，預計到2030年將一舉成長至近1.8兆美元，成長近18倍，這是一個足以改寫全球經濟秩序的產業躍升。

這並非單一領域的膨脹，而是由AI在醫療、製造、金融、零售、農業、交通、國防、教育等全方位產業的擴散推動。簡單來說，AI不再只是科技公司的專利，而成為所有企業、機構、甚至政府系統的「必備武器」。

AI正逐步像電力、網路一樣，成為21世紀的基礎設施，影響全球資本流向與政策制定方向。

資金瘋湧：科技巨頭年砸3000億美元

不僅數據顯示AI市場規模快速擴大，資金的實際投入也證實了這場「智能淘金潮」的真實與熱烈。

根據《Business Insider》的報導，2025年前，Meta、Microsoft、

Alphabet（Google母公司）與Amazon等科技巨頭，將在AI開發上投入超過3000億美元。這筆金額不僅遠超過過去十年在雲端與行動網路上的投資，甚至比許多國家的年度GDP還高。這些資金主要用於三大方向：

- AI基礎模型的研發與優化（如OpenAI的GPT系列、Google的Gemini等）
- AI晶片與運算架構的升級（如NVIDIA、AMD、Google TPU、Amazon Trainium）
- AI雲服務與垂直應用平台的構建（AzureAI、AWS Bedrock、Google VertexAI等）

資本的瘋狂湧入，不僅代表AI已是產業共識，更是未來十年競爭勝負的關鍵戰場。

AI晶片與基礎建設成為「新石油」

在AI蓬勃發展的背後，另一個值得關注的關鍵環節是「AI晶片與運算能力」。

AI不是一個單純的演算法，它需要龐大的運算資源。生成式AI模型如GPT-4或Claude等，每次訓練都需數萬張GPU日夜計算。因此，AI晶片市場正成為新的戰略高地。

NVIDIA的市值在2024年中超越Google與Amazon，成為全球最具價值的科技企業之一，正是AI硬體需求爆發的最佳證明。除了GPU，新的加速晶片架構如TPU（Google）、Gaudi（Intel）與ASIC也在快速成長，許多新創企業也瞄準這塊「算力紅海」。

這使得AI不再只是軟體工程師的遊戲，而是成為涵蓋晶片、資料

中心、雲端架構、甚至能源供應的全球戰略版圖。

子領域爆發：AI驅動的創新百花齊放

AI的成長並非單點式，而是多點開花、快速交織：

1. **自動化工具與RPA（機器人流程自動化）**：企業內部流程如報帳、審核、客服等全面導入AI驅動工具，提高效率、降低錯誤率。
2. **AI醫療應用**：從病理影像分析、基因定序到虛擬護理員，AI正推動醫療產業從「治病」走向「預測與預防」。
3. **AI與ESG結合**：氣候預測、碳排追蹤、能源管理，AI協助企業實現綠色轉型。
4. **AI與內容產業**：AI製片、AI聲音、AI虛擬人加速娛樂與教育內容的創作效率與多樣性。
5. **AI在法律、金融與教育領域的個人化應用**：如AI助理律師、AI財務分析師、AI家庭教師等角色迅速普及。

這些垂直領域的創新，不僅提供創業機會，也為投資人與企業策略提供全新藍圖。

AI不只是產業，而是時代的「新引擎」

過去十年，是數位與雲端驅動的黃金年代；未來十年，AI將成為全球經濟的最大主旋律。從百億到兆元，從實驗室到產業核心，AI的爆發式成長不只是趨勢，更是任何企業與個人不可忽視的現實。對於有遠見的人來說，AI不只是工具，而是一場前所未有的創富機會。

如果說電腦讓人類進入資訊時代，那麼AI，正在開啟全新的「智慧時代」。你，準備好加入這場變革了嗎？

重點 ② 推動AI市場成長的三大核心動力

AI市場之所以能在短短幾年內從技術雛形邁入全球戰略高地，其背後並非單一變數驅動，而是三大力量的匯聚產生了化學反應：算力的躍進、大數據的爆發，以及政策的有力支持。這三股力量共同構築出AI技術從「理論可行」走向「產業必需」的現代奇蹟。

當我們從創富與投資的角度理解這股趨勢時，就不難發現：AI並非只是一門技術，它更是一種由基礎建設、資料流通與制度設計所推動的時代引擎。掌握這三大核心動力，才能真正看懂AI產業的本質與未來機會。

算力提升：AI的燃料，是指令與矽晶片之間的對話

AI模型的發展離不開強大的算力支撐，這已是產業內的共識。每一個語言模型、圖像辨識系統、聲音轉譯模組的運行與訓練，背後都仰賴數以百萬計的矩陣運算與參數優化。這正是為何「算力」被譽為AI的「新石油」。

根據arXiv發布的研究報告，AI超級電腦的計算能力正以每九個月翻倍的速度快速演進，遠遠超過摩爾定律對傳統晶片的預測節奏。雖然硬體的效能飆升，但相對應的成本與功耗也同步翻倍，為企業與政府帶來巨大的資源挑戰。

以2025年Elon Musk主導的xAI公司為例，其建構的「Colossus超級電腦」使用了超過20萬顆AI晶片，整體硬體成本高達70億美元，而功耗則達300兆瓦，相當於25萬戶家庭的用電量。這種規模的算力支出，已經與核電廠同級，說明AI發展不只是程式與模型的比拚，更

是基礎建設與能源資源的競賽。

也正因為如此，晶片供應鏈更是成為各國爭奪的戰略資源之一。NVIDIA、AMD、Intel等企業不僅在商業上競爭，更是國家層級政策扶持的對象，因為誰掌握算力，誰就握有下一代產業的主導權。

大數據發展：數據就是新的養分與槓桿

AI模型之所以能夠「理解人類」、「模擬思考」，關鍵就在於它能夠從海量資料中學習規則與語義。沒有數據，AI就像空有潛能卻無處發揮的機器。隨著人類社會進入高度數位化時代，從社交平台、電商交易、線上學習、穿戴裝置到智慧城市，每天產生的數據量達數十億TB，而這些資料正是AI成長的土壤。

根據Wikipedia與WSJ的資料，自2010年以來，全球數據總量已成長超過40倍，且仍在加速中。這些數據涵蓋文字、影像、聲音、地理位置、使用者行為等各類形式，使得AI模型可以在各種情境中反覆訓練與調整。例如，自動駕駛車系統需從數十萬小時的行車影像中學習；醫療AI模型需分析數百萬筆病例與X光圖像；語言模型如GPT-4更需處理數兆字的語料庫才能形成流暢且有邏輯的回應能力。

此外，數據的多樣性與即時性也是推動AI應用精準度的關鍵。過去我們說「資料是資產」，如今更進一步，「數據是槓桿」。掌握數據就能推動更好的產品設計、更精準的行銷策略、更即時的風險控管。

值得注意的是，開源數據與政府資料平台的推廣，也加速了中小企業與個人開發者進入AI領域的門檻。例如Kaggle、UCI Data Repository與政府開放資料網站，讓非巨頭企業也能取得豐富的訓練素材，進行創新應用與模型開發。

政策支持：制度與資源，為 AI 鋪路

AI的發展不僅仰賴科技與資金，更需要「制度的養分」。如果說科技是推進器，那麼政策就是導航儀。各國政府紛紛將AI納入國家戰略，積極主導規範、資源分配與教育體系的調整。

以美國為例，國家科學基金會（NSF）啟動「NAIRR（NationalAI Research Resource）試點計畫」，透過提供學術機構計算資源、開放資料集、API與基礎模型，推動AI民主化與研究發展。這不僅讓學術界得以突破硬體瓶頸，也讓中小企業、非營利機構等得以平等參與AI時代的競爭。

歐盟則提出《AI法案》（AI Act），以建立透明、安全、可監督的AI技術發展框架，確保發展不失控，同時保護消費者與公民權利。中國則透過「新一代人工智慧發展規劃」，結合地方與產業政策，鼓勵AI企業落地與應用場景建設，形成由政府牽頭、企業實踐的快速推進模式。

這些政策表明，AI已經不再是科技領域的事務，而是全社會、全經濟的重點工程。政策的支持，不僅提供資金與平台，更為整個產業發展定下方向，創造公平、穩定與可持續的生態系統。

三力齊發，成就 AI 黃金年代

回顧這場AI市場的快速成長，不難發現它的核心動能來自於三大驅動：

- ☑ 算力是引擎，讓AI得以落地與進化
- ☑ 數據是燃料，讓AI具備理解與預測的能力
- ☑ 政策是道路，讓AI可以長遠穩健地發展

未來十年，誰能掌握這三項驅動力的資源與應用，誰就擁有進入「AI創富黃金時代」的門票。無論是企業、個人、或國家，都應認知：AI並不是「會不會用」的問題，而是「能不能跟得上」的抉擇。

重點 3 未來5～10年AI發展的關鍵趨勢與爆發點

如果說過去十年是AI技術從萌芽到突破的成長期，那麼接下來的五到十年，將是它全面爆發與深入人類生活的黃金時期。從語言模型的躍進、跨模態整合，到產業結構重組與倫理規範建立，AI正以多重路線同步演進。對於想要在這波浪潮中創富的人而言，理解未來的趨勢，不只是預測市場方向，更是掌握先機、布局未來的基礎能力。以下四大趨勢，將構成未來AI發展的核心路線圖。

一、多模態AI的興起：讓機器真正「懂人類」

過去的AI模型，多半專注於單一模態的處理：語言模型處理文字、圖像模型處理圖片、語音模型處理音訊。但未來的趨勢，是多模態AI（MultimodalAI）的迅速崛起。

多模態AI的核心特徵，是能夠同時處理並理解不同型態的資料，例如將文字、圖片、聲音、影片與結構化數據融合為一體進行判斷與輸出。這種能力讓AI更接近人類的感知方式，也使得應用層次大幅拓展。

例如GPT-4已經能夠分析圖片並生成文字，未來的AI將可同時觀看監視器畫面、理解聲音指令、分析數據報表並產出可行建議。Google的Gemini、OpenAI的Sora，以及Meta的ImageBind都是這個領域的先行者。在商業應用上，多模態AI將使得：

- ☑ 電商網站能依據圖片搜尋推薦商品
- ☑ 醫療系統可整合影像、檢驗報告與問診資料判斷病因
- ☑ 工業現場能即時分析影像＋聲音警示故障
- ☑ 教育平台可用影片＋語音＋文字進行個性化教學

這是從單點智能邁向整體智能的重要躍升，預計將在2026年後成為主流應用形式。

二、AI與產業的深度融合：每一個行業都將重新被定義

AI不再只是高科技公司的專利，而是全面滲透每個行業的中樞神經。無論是製造、醫療、金融、零售、交通或農業，AI正改變工作流程、商業模式與價值鏈。

- ☑ 製造業導入AI進行智慧製造、生產預測與自動化排程
- ☑ 醫療業透過AI進行病理影像判讀、基因診斷與遠距醫療
- ☑ 金融業以AI強化信用評分、詐騙偵測與智能投資
- ☑ 教育界應用AI進行個人化學習、語音互動與課程推薦
- ☑ 物流與交通則以AI最佳化路線、預測貨量與無人配送

這種深度融合代表未來的競爭關鍵將不再是「你懂不懂你的產業」，而是「你懂不懂AI在你的產業裡可以做到什麼」。

越早導入、越深結合AI的企業，將越快拉開與競爭對手的距離。對個人而言，若能掌握自己產業中的AI工具應用，就能迅速強化個人競爭力，甚至創造新的職涯機會。

三、AI的民主化：創業、創新不再只是有錢人的遊戲

AI不再是少數科技巨頭獨占的資源。隨著開源模型（如LLaMA、

Mistral、BLOOM等）的釋出，AI工具與資源正快速「平民化」。這就是AI民主化（Democratization of AI）的趨勢。像Hugging Face、Kaggle、Replicate等平台，提供了大量開放模型與數據資源，即便是不懂程式的一般人，也能透過現成平台運用AI建構應用。Notion AI、ChatGPT、Midjourney、Runway等產品，也讓設計師、行銷人員、老師、創作者都能簡單上手。

這種門檻的降低，導致兩個重大的結果：

1. **創業與副業機會大增**：個人開發者可以快速建立產品原型、進行測試與營收，形成「AI微創業」風潮。
2. **中小企業獲得與大企業競爭的能力**：不需龐大研發預算，就能打造智慧客服、個性化推薦、數據報表等系統。

AI民主化讓「創富」的機會擴散到每一個人，只要你願意學習與實踐，就能參與這場科技紅利的重新分配。

四、AI的倫理與治理：從效率工具到價值爭議的核心

AI不只是工具，它的擴張也帶來了一系列道德、法律與治理層面的新挑戰。如何讓AI在推動創新的同時，避免傷害社會基本價值，將是接下來十年內全球關注的重大課題。其核心議題包括：

1. **AI偏見與歧視**：AI模型訓練資料若有偏差或不均，可能導致決策不公平（例如信用核准、招聘等）。
2. **隱私與資料安全**：AI應用需處理大量個資，若未妥善管理，恐造成資訊洩漏或濫用。
3. **深偽技術濫用**：AI生成假影像、假聲音、假新聞可能造成輿論與社會信任危機。

4. **責任歸屬問題**：若AI做出錯誤決策，法律責任應歸屬於誰？使用者？開發者？平台？

為此，全球各國正積極制定AI法規。歐盟推出《AI法案》（AI Act），美國則由白宮科技辦公室制定《AI權利法案草案》。這些行動標誌著：AI不僅是技術競賽，更是一場「價值體系」的角力。

未來，企業與個人若要在AI領域持續成長，除了技術與創新，更要理解「負責任的AI應用」將成為基本門檻。

把握趨勢，就是掌握創富的先機

在未來的五到十年，AI的進步將不再是單點突破，而是全局轉型。從技術面（多模態）、產業面（深度融合）、資源面（民主化）、到制度面（倫理治理），這些趨勢將共同打造一個嶄新的智能經濟時代。

對於企業而言，現在正是重新審視組織定位、重新設計商業模式的最佳時機；而對個人而言，現在正是升級思維與技能、參與AI資源與社群的黃金期。

記住一個觀念：AI不會取代你，但「會用AI的人」會。

你準備好，站在這場浪潮的前端了嗎？

AI在關鍵行業的顛覆性應用

AI正在為各大行業帶來革命性的改變,帶動新商機湧現。

重點 1 醫療與金融的智慧轉型

當我們談論AI對人類社會的改變,最直觀且最具深遠影響的兩大領域,非醫療與金融莫屬。一個關乎健康與生命,一個牽動全球經濟與財富分配。這兩個高度專業與數據密集的產業,如今正站在AI革命的最前線,並已展現出令人振奮的智慧轉型成果。

AI在醫療與金融中的應用,不僅讓流程更有效率,更重要的是:它讓「判斷」變得更準確、「決策」更加即時與智慧。從診斷到治療,從風控到交易,AI正重新定義專業工作者的角色與能力邊界。

AI在醫療領域的應用:從診斷影像到預測疾病

醫療是一個講求精準與時效的產業。過去,醫師仰賴經驗與有限數據進行診斷與判斷;現在,AI成為協助醫療團隊解讀大量資料與提升準確度的最佳夥伴。

1. 影像診斷:比醫師更快、更準

AI在醫學影像領域的應用可說是最成熟的發展之一。透過深度學習模型，AI可以分析X光、MRI、CT影像，識別病灶、測量病變範圍，甚至發現肉眼難以辨識的微小異常。

例如Google DeepMind 開發的AI模型，已在眼科與乳房攝影診斷中達到與專科醫師相當，甚至更高的準確度。這不僅縮短了判讀時間，也在醫療資源不足的地區大幅提升服務品質。

2. 基因分析與個人化醫療

AI正被廣泛應用於基因定序與個人化治療設計。平台如Tempus、Foundation Medicine等，可結合基因資料與病史，針對每位病患設計出最合適的用藥與療程，開啟「精準醫療」（Precision Medicine）的新時代。

這種＋AI的治療方式，將「一體適用」的傳統醫療模式轉變為「一人一方」的智慧醫療，大幅提升治療效果並降低副作用風險。

3. 疾病預測與慢性病管理

AI不僅能在疾病發生後介入，更能「預測風險」。透過對龐大病歷、生活習慣、穿戴裝置數據的分析，AI可預測糖尿病、高血壓、心血管疾病的發病機率，提前給出健康警訊。

這使得醫療模式從「治療為主」轉向「預防為先」，並為保險業與公共衛生政策提供強而有力的決策依據。

AI在金融領域的應用：從判斷市場到偵測詐欺

金融業一向是科技導入的先行者，而AI在其中的發展速度與深度，更是遠超其他行業。從高頻交易到風險管理，從信用評估到詐欺防範，AI已經滲透至金融系統的每一個環節。

1. AI量化交易：高速、大數據、零延遲

AI在交易市場的應用最為人熟知的就是量化交易。這類系統透過演算法分析歷史行情、新聞情緒、技術指標與全球經濟數據，做出即時投資決策，並自動下單執行。

這些模型能在毫秒之間反應市場變化，不受人類情緒干擾，並持續自我學習調整策略。像是Renaissance Technologies、Two Sigma、Citadel等對沖基金巨頭，都投入大量資源發展專屬AI模型。

對一般投資人而言，AI輔助投資平台（如robo-advisor）也逐漸普及，可依據風險偏好與財務目標，自動建議投資組合與調整資產配置，讓理財變得更科學、個性化。

2. AI信用評估：突破傳統，擴大金融包容性

傳統信用評分依賴薪資、存款、信用卡記錄等結構性資料，難以涵蓋沒有正式工作或銀行帳戶的人。AI則透過行為數據、社群活動、電商交易記錄、通話紀錄等非結構資料，建立更動態、多元的信用評估模型。

這對中小企業、自由工作者、甚至發展中國家的無銀行戶而言，等於開啟了金融服務的大門，促進「普惠金融」（Financial Inclusion）的實現。

例如中國的螞蟻金服信用評分模型，已透過AI處理海量行為數據，提供小額信貸服務給過去被忽略的用戶群。

3. AI風控與詐欺偵測：風險在發生前就被攔截

金融風險的關鍵在於預測與即時反應。AI系統能夠偵測異常交易行為，並與過去數據模型比對，提前攔截潛在風險。例如信用卡公司Visa與Mastercard皆導入AI系統即時分析交易模式，一旦出現不尋常

行為（如凌晨大額交易、海外異常刷卡），就會主動鎖卡或發出警示。

此外，AI還能協助監管機構進行反洗錢（AML）與合規監控，從海量交易記錄中找出可疑資金流向，讓金融治理更加智能與精確。

AI助力的背後：人機協作的新典範

值得強調的是，AI並不是要取代醫生或金融分析師，而是要解放他們的時間與專業能力，將注意力放在更高價值的判斷與決策上。

- 醫生可利用AI分析報告初步判斷結果，將精力投入於與病人溝通與療程調整；
- 金融從業人員則可利用AI模型進行風險初審，再加上人類的市場洞察與經驗判斷，提高整體決策品質。

這正是未來產業轉型的關鍵精神：AI輔助＋人類決策＝智慧化價值最大化。

AI正讓醫療與金融變得更聰明，也更普惠

從診斷到預測，從交易到風控，AI在醫療與金融領域的智慧轉型已不是未來式，而是現在進行式。這場技術革命不僅讓這兩大關鍵產業變得更高效、更智慧，也讓醫療服務與金融資源變得更加普及、更加公平。

對想要創富的人而言，這不只是觀察現象的機會，更是介入市場、創新產品與服務的入口。無論你是創業者、專業人士、投資人，或是產業決策者，懂AI就是你的下一張王牌。

重點 ② 製造與零售的數位革新——效率與個人化

AI正在改寫我們對製造業與零售業的理解。這兩大產業雖然處於價值鏈的不同端點，一個關注「生產」，一個面向「消費」，但它們都有著極高的數據密集度與流程依賴性。因此，AI的導入不僅提升操作效率，更從根本上改變了「如何設計產品」、「如何管理供應鏈」、「如何接觸顧客」等核心商業邏輯。

這場由AI引領的數位革新，正以前所未有的速度推進著智慧工廠與智慧零售的實現。無論是傳統企業還是新創品牌，都面臨一個關鍵選擇：是主動擁抱改變，還是被時代捨棄。

製造業的AI轉型：從工廠到智慧中樞的升級

傳統製造流程仰賴標準作業與人工監控，面對多樣化市場與瞬息萬變的需求，往往反應遲緩、效率不彰。而AI的導入，則為工廠注入「自我學習」與「自我調整」的能力，正式邁向「智慧工廠」時代。

1. 自動化排程與產能優化

AI能根據訂單數量、原物料狀況、機台運作效率等多維資料，自動安排最優的生產順序與人力分配。傳統上需靠管理者手動規劃的流程，如今可由AI模型即時計算，快速調整以應對突發狀況。

例如台灣某大型電子零組件廠導入AI排程系統後，生產效率提升約20%，庫存週轉率也大幅改善。

2. 設備維護預測與異常警示

結合IoT感測器與AI分析，設備能在尚未出現問題前，就預測出可能的故障情況。這種「預測性維護」（Predictive Maintenance）可

大幅減少非預期停機時間，降低維修成本與產線損失。

美國通用電氣（GE）已廣泛應用AI監控渦輪機、列車與飛機引擎的運作狀況，平均節省30%維修成本。

3. AI驅動的品質管理

在傳統製程中，品管往往仰賴人工檢測，容易受主觀與疲勞影響。而AI視覺辨識系統可全天候、不間斷進行產品檢測，自動辨識瑕疵、尺寸偏差與組裝錯誤，提高檢測準確率與一致性。

特別是在高精密製造如半導體、汽車零件與醫療器材等領域，AI品管已成為品質控制的關鍵工具。

4. 供應鏈風險預測與物料規劃

當全球供應鏈變得日益不穩，原物料價格、運輸時程與地緣政治風險成為製造業不可忽視的挑戰。AI可整合歷史交易資料、氣候數據、政治新聞與國際物流資訊，建構供應鏈風險預測模型，協助企業提前因應可能的中斷。

這讓製造商不再只是「被動應對」，而是成為能「預測與調整」的智慧主導者。

零售與電商的AI革命：從大眾行銷到個人化經營

零售業長期以來的挑戰，在於如何了解顧客、吸引注意、促進購買與提升回購。而AI，正在這四大環節中扮演決定性的角色，讓品牌與顧客之間的互動更即時、更有溫度、更能創造價值。

1. 個性化推薦與精準行銷

AI可根據用戶的瀏覽紀錄、購買歷史、停留時間與互動行為，建立個別顧客的興趣輪廓，進而推薦最有機會轉換的商品與優惠。

如 Amazon 的 AI 推薦系統就貢獻了超過 30% 的營收。Netflix、蝦皮、淘寶等平台也都利用 AI 自動化調整首頁排序與推播內容，使每位用戶看到的界面都是「為自己量身訂做」的銷售體驗。

2. 智能客服與即時互動

AI 聊天機器人已能處理超過 80% 的標準客服需求，並可即時分析客戶語氣與意圖，給出對應回應。例如 LINE AI 回應系統可協助商家自動處理查詢、下單、推薦與售後服務，降低人力支出，同時提升回應速度與滿意度。

對中小企業而言，這代表可以用有限的資源，提供媲美大型品牌的客戶體驗。

3. 情境式廣告與動態定價

AI 廣告平台如 Google Ads、Facebook Ads 利用演算法分析用戶行為與搜尋意圖，進行「情境式推送」，讓消費者在最需要的時機、看到最有感的廣告內容，顯著提升點擊率與轉換率。

同時，AI 也可根據庫存狀態、競品價格與用戶活躍程度，進行即時調整商品價格（動態定價），創造最佳利潤組合。

4. 零售自動化與線下整合

AI 也逐步進入實體門市，如人流分析、智慧貨架、無人結帳（如 Amazon Go）。透過感測器與 AI 演算法，店家可分析哪些區域最受關注、顧客停留多久，優化陳列與動線設計。

這些工具讓零售不再只是「賣產品」，而是經營一種「數據驅動的體驗」。

AI為中小企業與創業者帶來的新機會

在過去，建立一套智慧製造或個人客製化電商系統，需要高額預算與大量人力。而如今，AI工具的普及與SaaS化（Software as a Service）平台的興起，使中小企業與個人創業者也能低成本使用AI賦能營運。

- ☑ 使用ChatGPT或Jasper寫商品文案
- ☑ 用Midjourney生成產品視覺圖
- ☑ 透過Shopify
- ☑ AI插件自動推薦商品
- ☑ 應用Notion AI管理庫存與進銷存資料
- ☑ 用Zapier或Make整合多個平台自動化流程

這些工具幾乎不需寫程式，只要有邏輯與想法，就能打造出媲美大型企業的智慧運營系統。

效率＋個性化＝未來零售與製造的黃金公式

AI對於製造與零售的賦能，不僅僅是提升效率，更重要的是創造差異化與競爭優勢。在製造端，它讓產品更快、更穩、更靈活；在銷售端，它讓顧客體驗更貼心、更精準、更具互動性。

無論你是工廠主、品牌經營者、電商創業者，甚至是一人公司，只要善用AI，你就能在這個高速變動的市場中找到自己的位置，並透過數位革新創造新一輪的財富機會。

重點 ③ 教育的智慧革命──學習模式全面升級

教育，是改變個人命運的鑰匙，也是社會進步的根基。而今，在人

工智慧浪潮的推動下，這個古老而根本的行業正經歷一場前所未有的智慧革命。

AI不再只是協助學習的輔助工具，而是重構整個「學與教」的邏輯。從學習內容設計、學習方式引導，到教師教學與學校營運，AI正全面介入並加速教育的個人化、智能化與規模化進程。

對教育機構而言，這是效率與規模的雙重升級；對學習者而言，這是量身定制的學習新體驗；而對創業者而言，則是教育產業變現與創新的黃金窗口。

AI教學助手：打造千人千面的學習路徑

傳統教育受限於班級規模與教學資源，無法兼顧每位學生的差異化需求。但AI教學助手的出現，正打破這個長期困境。

透過分析學生的學習行為、答題紀錄、錯誤類型與反應速度，AI可即時調整課程內容、難易度與學習進度。例如：某學生在分數概念上表現良好，系統便能快速跳過基礎題，進入進階應用；而對於在閱讀理解中常出錯的學生，系統則會提供更多練習與圖像輔助解釋。

這種以數據為基礎的「適性學習」，讓每位學生不再被迫用同一種方式學習，而是依照個人理解力與興趣進行學習路徑安排。代表性平台有：

1. **Khan Academy（可汗學院）**：結合GPT技術開發「Khanmigo」AI助教，能與學生即時互動，回答問題、引導思考。
2. **Duolingo**：語言學習平台運用AI分析用戶答題模式與學習頻率，自動調整練習內容與提示方式，有效提升用戶留存率。

AI助力教師：從教學者變成學習設計師

AI不只是幫助學生學得更好，也大幅解放了教師的工作壓力與角色定位。過去教師需花大量時間備課、批改作業、管理教務，如今這些瑣碎工序正逐步由AI工具自動化處理。以下是教師應用AI的四大場景：

1. **教材自動生成**：教師可利用ChatGPT、Tome、Curipod等工具快速生成教案、練習題與講義，節省備課時間。
2. **作業與測驗批改**：平台如Gradescope能自動批改選擇題與簡答題，甚至提供反饋意見，減少教師疲勞與誤判。
3. **學習進度分析**：AI可提供學生學習曲線與風險預警，讓教師能更早介入輔導，精準掌握教學重點。
4. **課堂互動強化**：結合AI聲控與AR技術的教學平台，讓教師能用更多元方式吸引學生參與，增加課堂活力。

這種轉變，讓教師不再只是「知識的傳遞者」，而是成為「學習經驗的設計師」，能將更多時間與心力放在啟發與陪伴上。

AI學習平台：為不同族群量身打造教育解方

隨著AI賦能學習工具快速發展，「一對多」的大班教學模式已逐漸讓位給「一對一」、「一對多樣」的個人客製化平台。

無論是國高中學生、職場進修族、創業學習者或自由學習者，都能在AI教育平台中找到適合自己的學習路徑。

典型應用案例有以下幾種：

1. **企業內訓**：AI可依員工職能、表現與潛力設計個人進修課程，並提供即時回饋與學習追蹤，提高培訓成效。

2. **考試輔導**：如 PrepAI、Quizgecko 可依據考試範圍自動生成題庫與模擬測驗，讓準備變得更有效率。
3. **自由學習者**：使用 Notion AI 或 Obsidian 結合學習筆記、知識庫與問答工具，自建學習路徑與專題追蹤。
4. **語言學習者**：AI 聲音辨識與互動模擬技術，讓學習者能與虛擬角色對話，增進語感與實戰力。

這種彈性化、個人化的學習體驗，不僅打破了地理、年齡與時間限制，也正快速擴大「終身學習」的實踐場景。

教育創業與內容變現：教育商業化新藍海

AI 不只是教育的工具，更是教育產業升級的引擎。它正在讓更多個人與團隊，能以更低門檻創業並打造教育品牌。教育創業者的新機會如下：

1. **個人老師變身線上導師**：透過 AI 工具快速建構課程、設計教材、經營學習社群，實現從授課到變現的一條龍服務。
2. **內容變現平台崛起**：像 Gumroad、Teachable、Subslack 結合 AI 助教系統，讓教學內容能快速成為商品販售。
3. **AI 教練模式興起**：結合 ChatGPT 打造專屬學習助理，成為個人品牌的延伸應用，服務學生 24 小時。

此外，AI 也協助新創團隊降低研發成本，用最小可行產品（MVP）快速測試市場。例如一位教育創業者可用 Notion＋ChatGPT 在一週內打造出一套「AI 輔助簡報設計課程」，並在線上成功銷售給上百名學員。

教育的未來，不只是更快，而是更適合每一個人

AI對教育的影響，不只是工具層面的升級，更是教育價值本質的重塑。它讓學習不再是一種壓力，而是一種被尊重的個人成長旅程；它讓教師不再是單向傳遞知識的角色，而是成為陪伴學習者自我實現的引路人。

在這場智慧革命中，懂得運用AI進行學習與教學的人，將站在未來教育的中心；而看懂這場變革背後潛藏的商業機會的人，則將開啟下一波知識經濟的新財富引擎。

AI帶來的新創業與就業機會

AI既會取代某些職業，也會創造新的創業與工作機會，
你知道哪些職業將迎來AI紅利？

重點 1　AI創業風口——從工具到平台的價值創造

過去創業，往往需要資金、人脈、技術團隊與漫長的研發過程。但在AI時代，創業門檻被徹底改寫。現在，一台筆電、一個想法，再加上一套AI工具，你就可以在幾天內打造出一項可商用的產品，甚至開始營收。

這股浪潮催生了一種新型態的創業模式——AI微創業。小需要創投背書、不需要龐大資金，就能從個人專業出發，運用AI工具打造出精準、實用、可變現的產品與服務。AI不只是科技趨勢，更是你創業工具箱中的「加速引擎」。

AI微創業：低成本、高速度的價值實踐

現今市面上已經出現大量由個人或小型團隊開發的AI應用服務，例如：

1. 語音轉文字平台：結合 Whisper 或 Deepgram API，自建會議

紀錄工具，銷售給業務、法律或教育市場。
2. **內容生成工具**：結合 ChatGPT 與 Notion AI，打造部落格產出平台、書籍起稿助手或腳本撰寫系統。
3. **智能客服系統**：透過 GPT-4 與 LINE、Messenger API 整合，自動回覆顧客常見問題，減少客服人力支出。
4. **電商文案自動化**：利用 AI 分析競品標題與顧客關鍵字，自動生成 SEO 商品文案，協助中小電商經營。

這些產品大多採用「API＋行業知識＋No Code 工具」快速組裝，不需自行開發底層模型，也不需要寫大量程式碼。對創業者來說，真正的競爭力是洞察市場痛點與設計體驗的能力。

一位自由接案者可以用 ChatGPT 寫提案企劃、Jasper 生成文案、Midjourney 做視覺圖，並將服務包裝成「AI 行銷顧問」銷售給中小企業；另一位設計師可用 Canva＋AI 插件製作教學課程，透過平台銷售變現。這種「個人即品牌、工具即產品」的模式，正成為全球創業新主流。

AI 顧問與技術整合：B2B 市場的新藍海

除了產品創業，還有一條同樣具爆發力的路徑：AI 顧問與系統整合服務。這類創業模式鎖定的是企業客戶，目標是協助他們完成從傳統流程到智慧化運營的轉型。常見的服務形式包括：

1. **AI 工具導入顧問**：為企業評估需求，推薦並部署適合的 AI 工具（如 CRM 自動化、客服機器人、內部知識庫生成系統等）。
2. **產業解決方案設計**：針對醫療、法律、教育、地產等行業，開發專用的 AI 模板與解決方案。

3. **數據整合與流程自動化**：協助企業串接內部ERP、CRM、HRM系統，導入AI模型優化排程、預測業績或分析客戶行為。
4. **培訓與內訓課程**：教授員工如何使用ChatGPT、Notion AI、Runway等工具，提升數位能力與部門生產力。

這類顧問型創業有一大優勢：單位價值高、邊際成本低。一套標準的顧問服務或模板可以重複銷售給多家企業，還可結合訂閱服務、線上課程或教育資源擴展營收。

特別是中小企業主，他們迫切需要導入AI，但本身缺乏技術背景與人力資源，這正是外部AI顧問與整合商大展身手的最佳時機。

從工具應用者進化為平台建構者

在創業的初期，許多成功者都是從「工具使用者」起步——善用ChatGPT、Midjourney、Zapier等平台完成具體任務。但當業務穩定成長後，真正能建立長期價值的關鍵是轉型為「平台建構者」。以下是平台化的三種進化方式：

1. **開發專屬品牌工具**：將常用工具功能加以模組化、視覺化與產業化，轉化為SaaS服務平台，如簡報自動產生平台、內容企劃生成器。
2. **建立知識型訂閱社群**：把AI使用經驗與產業洞見做成內容，結合Discord、LINE社群與線上課程，發展長期用戶關係與會員制度。
3. **建立「AI＋X」專業社群平台**：例如AI＋法律、AI＋醫療、AI＋美容等垂直社群，累積專業資料與案例，吸引更多人參與與貢獻。

從應用端到平台端的轉變，不僅提高了商業穩定性，也讓創業者真正掌握產業鏈中的主導地位。

創業門檻變低，但競爭思維必須升級

AI創業風口雖然已經打開，但也意味著競爭會比過去任何時候都激烈。工具開源、模組開放、進入門檻低，讓創業變得「人人都能做」，但也正因如此，真正的差異化必須聚焦以下四大方向：

- ☑ 誰能最快找到真實的痛點？
- ☑ 誰能設計出最貼近用戶語言的體驗？
- ☑ 誰能持續輸出價值與信任感？
- ☑ 誰能把AI變成解決方案，而不是噱頭？

簡單來說，未來創業的核心競爭力，是結合AI工具與人性洞察的能力。AI解決的是效率問題，人類創造的是價值本身。

創富時代的創業新模型，已經出現

AI正在打開創業與變現的新公式：

AI工具 × 行業知識 × 市場痛點 × 實踐速度＝可複製的創富引擎

你不需要成為AI工程師，也不必擁有千萬資金，只要你能把握這個時代的工具與節奏，就能用最小的成本創造最大的價值。

未來的創業，不在實驗室，而在每一個敢於行動的你手中。

重點 ② AI紅利職位當道──新時代的高薪熱職

在AI帶來的產業重構之中，並非所有職位都岌岌可危。相反地，

有一群人正因為AI的崛起，站上職場的風口浪尖，成為新時代的「紅利人才」。這些職位不僅需求激增，薪資水準更是逐年攀升，成為職場轉型、職涯升級的絕佳方向。

根據LinkedIn、Glassdoor、Indeed等全球職涯平台的報告顯示，與AI技術、數據分析、產品策略相關的職位已進入長期搶人大戰。不論你是技術背景、商業思維，還是數據導向的人才，只要具備與AI有關的跨領域能力，就有機會在這場AI革命中脫穎而出。

AI工程師：技術落地的靈魂人物

關鍵角色： 設計、訓練與部署AI模型

AI工程師（AI Engineer）負責設計演算法、建構模型、撰寫程式碼，並部署可實際運作的AI解決方案。他們是從「理論到產品」的實踐者，處於技術創新的最前線。必備技能如下：

- ☑ Python、C++、Java等程式語言
- ☑ 深度學習框架（如TensorFlow、PyTorch）
- ☑ 模型部署與雲端運算（如AWS、GCP、Azure）
- ☑ 數學與統計（特別是線性代數與機率）

薪資參考： 根據LinkcdIn 2024年資料，AI工程師在北美的平均年薪已超過15萬美元，在矽谷、紐約甚至突破20萬美元，是全球科技業最炙手可熱的高薪職位之一。這個角色不僅是科技公司爭相爭取的人才，也是大型金融機構、醫療集團與製造企業進行數位轉型的核心招募對象。

機器學習研究員：技術深水區的探索者

關鍵角色： 開發新模型、優化演算法、推動前沿突破

機器學習研究員（Machine Learning Researcher）更偏向研究端工作。他們在學術或企業研發部門中，探索模型架構、訓練策略與效能提升方法，屬於 AI 技術「原創能力」的核心角色。常見工作場域：

- ☑ OpenAI、DeepMind 等前沿研究機構
- ☑ 大型科技公司的 AI 實驗室
- ☑ 大學與國家研究中心

發展潛力： 儘管這類職位門檻較高（通常需碩士或博士學歷），但其所具備的技術含金量與創新潛力極高，是 AI 技術可持續進化的關鍵動力來源。

數據科學家：用數據說話的決策導航員

關鍵角色： 數據清理、分析與策略建議

在 AI 時代，數據是燃料。數據科學家（Data Scientist）負責將複雜、雜亂的資料整理、分析、視覺化，並從中萃取出能夠指引企業決策的洞察。

常見應用領域：

- ☑ 電商用戶行為分析
- ☑ 金融風險預測與詐欺偵測
- ☑ 醫療病例模式辨識
- ☑ 行銷廣告投放最佳化

技能組合：
☑ 資料庫處理（SQL、MongoDB）
☑ 數據分析工具（Python、R、Tableau）
☑ 機器學習模型應用
☑ 商業邏輯與報告簡報能力

就業趨勢：根據IBM預測，2025年全球將有超過270萬個數據分析與科學相關職缺，人才供不應求，尤其在中大型企業與AI驅動平台中需求持續升高。

AI產品經理：技術與商業的橋樑

關鍵角色：把AI技術變成真正的產品

AI產品經理（AI Product Manager）是一種新型態的產品負責人，結合了產品管理、用戶經驗與AI技術理解。他們的任務是理解市場需求、掌握技術邊界，並整合團隊資源，推出符合用戶價值的AI應用產品。

理想特質：
☑ 理解AI模型運作原理（但不必是工程師）
☑ 熟悉產品開發流程與敏捷專案管理
☑ 能與技術、設計、行銷團隊協作溝通
☑ 具備強烈用戶思維與商業策略視角

職業發展潛力：AI產品經理是目前成長最快的跨界職位之一，特別是在AI工具、SaaS平台、教育科技與醫療科技領域備受重視。他們將成為未來10年中，最具影響力也最具變現力的中高階人才。

其他新興職位：AI世代的新型能力矩陣

除了上述熱門職缺，還有許多新興角色正快速崛起，包括：

- ☑ **AI教育設計師（AI Instructional Designer）**：設計AI輔助學習課程與教材
- ☑ **AI聲音設計師（AI Voice Designer）**：為虛擬助理、語音生成系統設計個性與語氣
- ☑ **提示工程師（Prompt Engineer）**：專門設計與優化AI輸入指令以達到最佳輸出
- ☑ **AI政策顧問（AI Policy Advisor）**：協助企業制定合規、道德與風險管理政策
- ☑ **人機介面設計師（Human-AI Interaction Designer）**：專注於人與AI的互動流程與體驗優化

這些角色不一定屬於純技術範疇，但都與AI應用密切相關。它們將成為未來職場的「隱形高薪帶」，為具備跨領域能力的人開啟全新職涯路徑。

不只學會AI，而是加入AI的紅利生態

AI不會讓所有人失業，它只會重組工作的價值分配。如果你能將AI結合技術、數據與商業，你就能進入這場紅利分配的核心。

未來的職場贏家，不是最會寫程式的人，而是最懂得「如何與AI共事」的人。

現在，正是進入AI高薪職位的最佳時刻。你準備好了嗎？

重點 3　普通人也能參與的AI創富機會

在許多人的想像中，AI是工程師的遊戲，是屬於矽谷天才與大型科技公司的專利。但事實正好相反，今天的AI創富機會，從未如此開放與普及。隨著AI工具的民主化、平台即服務（PaaS）的興起，以及開源社群的推波助瀾，普通人──不懂寫程式、不會訓練模型、甚至沒科技背景──也能透過AI開啟屬於自己的創富道路。

AI工具平民化：從科技專利到日常工具箱

過去，開發一個AI系統可能需要數百萬元的研發預算與一個十人團隊。而今天，一個人只要會用ChatGPT、Runway ML、Copy.ai等工具，就能完成過去需數人協作才能達成的工作流程。AI工具不僅價格合理、操作簡單，還透過直覺化的介面與範例模板，讓「非技術人」也能輕鬆上手。請看以下幾個例子：

1. **內容創作者**：用ChatGPT產出腳本、Copy.ai撰寫社群文案、Runway製作影片，形成從構思到成品的自動化內容生產鏈。
2. **行銷人員**：使用Jasper AI生成廣告標語，透過CanvaAI製作視覺素材，搭配MetaAds Manager進行A/B測試並即時優化廣告投放。
3. **平面與插畫設計師**：結合Midjourney、DALL·E、Leonardo AI創作藝術圖像，甚至轉換為NFT上架販售，打開新市場。
4. **線上講師或課程設計者**：運用Notion AI建立課程結構、Tome生成簡報、Synthesia製作數位講師影片。

這些操作不需寫一行程式碼，也不需理解模型架構，但都能創造可

變現的價值。在AI工具的加持下，創造力被放大，執行力被賦能，普通人開始具備科技公司的能力。

自由接案與個人創業的AI武裝革命

對於自由工作者、小型創業者來說，AI的價值不只是「幫助工作」，而是「改變生存方式」。以前，個人創業常因人手不足、資金有限而處處受限。但現在，一人團隊只要善用AI工具，就能模擬出「小型企業」的完整運作體系——產品開發、客戶服務、行銷推廣、數據分析，甚至企業策略都能透過AI處理。

這種模式催生了一種新型態角色：AI執行長（AI CEO）。

所謂AI執行長，就是這樣的工作者：

- ☑ 白天用Notion AI做內容規劃、產品定位
- ☑ 下午用Midjourney製作品牌視覺與商品插圖
- ☑ 晚上用ChatGPT完成網站文案、客服回答與行銷腳本
- ☑ 每週透過Zapier串接各平台實現自動化運營

這並不是想像，而是越來越多真實存在的創業故事。

低門檻變現機會正大量出現

AI的平民化帶來的最大變化是：不需要科技背景，也能變現知識與創意。這對於廣大的「非科技族群」來說，是一場前所未有的創富機會。

以下是目前最熱門、也最實用的「普通人可參與」的變現模式：

模式類型	內容範例與平台
內容創作與銷售	電子書（Gumroad）、AI圖像（Etsy、OpenSea）
課程與教學	自建教學網站（Teachable、Thinkific）
自動化服務設計	建立企業工作流程自動化（Zapier + ChatGPT）
行銷與社群顧問	IG帳號經營代操、AI文案設計服務
接案與協作平台	Upwork、Fiverr、台灣的Pinkoi、設計家

關鍵在於：用AI強化你原本就會的東西，然後打包成服務、內容或產品販售。例如：

- ☑ 你原本是老師，就用AI製作教材開線上課
- ☑ 你原本是設計師，就用AI插畫製作數位商品販售
- ☑ 你原本是寫手，就用ChatGPT幫助產出更多接案內容
- ☑ 你原本是創業者，就用AI做品牌視覺、腳本、客服回覆、自動投廣告

AI不是讓你變成另一種人，而是讓你變成「能力升級」的自己。

不懂技術也能做出成績的三種策略

如果你沒有程式背景，也不熟數據分析，那該從哪裡開始參與這場AI創富浪潮？以下是三種「普通人也能執行」的參與策略：

1. 專注垂直領域＋善用工具

選一個你熟悉的領域（如美妝、餐飲、教育、法律），學會用ChatGPT、Notion AI等工具，打造一套能幫助別人節省時間、提升效率的服務。

2. 加入AI社群與平台，學習現成案例

從Discord社群、Telegram頻道、Facebook AI社團中，觀察其他

創作者與接案者是怎麼用 AI 解決問題，然後模仿、調整、創造你自己的版本。

3. 擴大自我品牌，創造內容變現

用 AI 寫文章、製作影片、做簡報，分享你學會 AI 工具的心得與應用技巧，累積觀眾與信任，最終導入變現機制（如教學、顧問、產品、社群會員）。

下一輪紅利，屬於敢學、敢用、敢行動的普通人

AI 不再是科技巨頭的專利，也不只是頂尖工程師的舞台。現在，它是普通人可以觸碰、學習、實踐與變現的工具，是每一個有行動力的人手上的創富槓桿。

這個時代不是最聰明的人勝出，而是最早採取行動的人，掌握機會。

你不需要變成 AI 專家，但你必須學會與 AI 合作。因為在這個創富新時代，「懂得用 AI 的人」會成為真正的贏家。

TREND 5

AI如何推動「智能經濟」的到來

AI 正在塑造一個「智能經濟」時代，讓商業模式更高效、更精準。

重點 1　AI自動化商業模式崛起

在這個由AI主導的新時代，最顯著的產業現象之一，就是「自動化」不再只是效率的提升手段，而是成為一種全新的商業模式。從零售、行銷到金融，每一條價值鏈、每一個流程，都正在被AI重新定義與接管。

我們正見證著一場「從人力密集到智慧驅動」的徹底轉型。而這場轉型的本質，就是從「以人為中心的操作流程」，轉變為「以資料與模型為驅動的智慧系統」。

對企業來說，這不僅是成本競爭，而是生存與否的根本差異。在AI自動化的商業浪潮下，誰掌握了智慧化程度，誰就掌握了市場的主導權。

無人商業時代：商店從「服務點」變成「數據節點」

最具代表性的AI自動化場景，莫過於無人零售商店。從最早期的

販賣機進化，到現在的 AI 感應＋自動結帳系統，這種完全去人化的商業模式，正迅速從概念驗證走入日常應用。典型案例有：

1. **Amazon Go**：顧客進店後，無需排隊、無需結帳，取了就走。背後由大量攝影機、重量感測器與電腦視覺 AI 協同運作，紀錄顧客每一次拿起與放下的商品動作，並自動結算。
2. **阿里巴巴盒馬鮮生**：採用刷臉支付、智慧物流與即時庫存演算，顧客所見即所得，選購與付款無縫整合，營運效率遠超於傳統超市。

核心優勢：

☑ 營運成本下降（大幅減少人力支出）

☑ 顧客體驗升級（不必等待、不需排隊）

☑ 數據即時回饋（能即時了解熱銷商品與動線偏好）

這種自動化不只是便利，更是新一輪零售革命的戰略核心。企業不再只是「販售商品」，而是經營一套全資料驅動的顧客體驗與庫存邏輯系統。

AI自動化行銷：從手動布局到智慧推送

傳統行銷往往仰賴經驗直覺與人工布局：誰是目標客群？何時投廣告？要用什麼文案與圖片？這些問題，如今都可以交給 AI 來回答，甚至自動完成。以下是目前常見的 AI 行銷自動化應用：

1. **內容生成與測試**

   ☑ 使用 ChatGPT 或 Jasper 自動生成文案

   ☑ 自動替換標題、按鈕、圖片進行 A/B 測試

2. **受眾定位與再行銷**

☑ 根據網站瀏覽、購買紀錄與社群互動資料，自動建構「精準受眾池」

☑ 結合Lookalike模型進行廣告擴展

3. 媒體預算分配與投放優化

☑ AI演算法根據轉換率與點擊率，自動調整投放頻率與預算分配

好處不只是效率，更是轉換率顯著提高。一些大型品牌在導入AI行銷平台後，平均廣告投資報酬率（ROAS）提升了30～60%，同時降低了約40%的行銷人力成本。

AI讓行銷從「猜測」變成「演算」，從「等反應」變成「即時調整」，使企業能在高度競爭的市場中即時應對、即時轉向。

AI自動化交易與金融運營：高頻、低誤、全天候

金融業向來是最先擁抱自動化的產業，而AI的加入，讓原本已高度數據化的金融操作再上一層樓。以下是三大主流場景：

1. AI量化交易系統

☑ 透過歷史資料與市場情緒進行即時策略調整

☑ 無須人工下單，自動追蹤價格與指標執行買賣

2. 風險評估與詐欺預警

☑ 根據客戶行為模式辨識可疑交易

☑ AI模型可提早數秒發出警訊，防止金融損失

3. 智能資產配置

☑ Robo-advisor根據使用者風險傾向與市場變化，自動建議投資組合與調整資產比例

對金融機構來說，AI意味著不再只是操作快速，而是決策更準確、

系統更穩定、風險更可控。

企業智慧化程度決定競爭力的新時代邏輯

過去，我們衡量企業競爭力看的是規模、市占率與品牌資源。但在AI自動化商業模式下，衡量企業未來潛力的關鍵，將是「智慧化程度」。換句話說：不是你有多少人力，而是你的系統有多聰明。

企業若仍仰賴大量手工處理、無法數據整合、決策慢三拍，那就算資源再多，也將在競爭中落後。反之，即使是小型企業，只要能夠快速部署AI工具，自動化營運流程，就能打破規模壁壘，快速搶占市場。

這就是智慧經濟的核心邏輯：速度＋精準＋自動迴圈＝成本最低、產值最高的營運模型。

從「用人管流程」，到「用AI建系統」的時代

從無人商店、自動行銷到智慧交易，AI的角色不再只是輔助，而是直接成為商業流程的主導者。

對創業者來說，這是一個極大的機會窗口：你可以用最少的人力建立最多的功能；你可以用一套AI系統模擬一個部門；你可以透過自動化架構達成「以小搏大」的競爭優勢。

而對企業經營者來說，這是一個無法逃避的轉型戰場：你的對手，可能是一個人＋一套AI工具；而你若還是只靠傳統流程運作，未來可能連小團隊都打不過。

這場智慧化競賽，現在才剛開始。你還有時間，但沒有藉口。

重點 2　AI共享經濟崛起：從「租車」到「租算力、租模型」

在過去十年中，Uber和Airbnb掀起了共享經濟的全球浪潮，重新定義了「使用權大於擁有權」的資源配置邏輯。而現在，這種模式正悄然進化——從共享實體資產，走向共享智慧能力本身。

在AI主導的新經濟架構中，未來共享的不再只是車輛、住宿或工具，而是模型、算力與資料。這些原本只有科技巨頭或研究機構才能掌握的資源，透過雲端平台與API服務，正以「即租即用」的方式，進入每一個創業者、開發者，甚至普通使用者的手中。

這場從「共享車子」到「共享智力」的變革，正在徹底顛覆創新、創業與營運的基本邏輯。

AI能力的「模組化」與「服務化」時代來臨

以往企業若想導入AI系統，需要建構自有數據基礎、聘請工程師訓練模型、建置伺服器處理算力，動輒數百萬甚至上千萬預算。但現在，這一切都可以「租用」。三大核心要素：

1. 租模型（Model as a Service）

如：OpenAI的ChatGPT API、Anthropic的Claude API、Google Gemini API，企業可直接使用既有語言模型處理客服、摘要、翻譯、問答等功能。無需自行訓練模型，按需收費、彈性擴充。

2. 租算力（Compute as a Service）

如：Amazon AWS、Google Cloud、Azure提供GPU/TPU運算資源，支援AI模型訓練與推理。無需購買昂貴硬體，就能運行複雜模型

或處理大數據。

3. 租資料（Dataset as a Service）

例如：Kaggle、Hugging Face Datasets提供標註好的訓練資料，可用於語音辨識、圖像分析、情緒判斷等應用。

這些AI能力就像水電一樣，即用即付、彈性計量、輕鬆擴展，極大地降低了技術門檻與進入成本。

中小企業也能擁有「AI團隊」的威力

對中小企業與創業者而言，最常見的困境就是技術能力不足與人力資源有限。但在「租用AI」的模式下，即使是2～3人的新創，也能透過雲端工具建構出智能化營運系統。具體應用場景如下：

1. **智能客服**：使用OpenAI＋LINE API建立自動回覆客服，24小時回應用戶問題。
2. **圖像辨識**：導入Google Cloud Vision API，實現產品照片辨識、自動分類與缺陷檢測。
3. **語音轉文字**：透過Whisper API或AssemblyAI建立錄音轉寫系統，應用於會議記錄、教育筆記或媒體字幕。
4. **自動行銷腳本生成**：結合Jasper AI或Copy.ai，能快速產出EDM、廣告標語與社群貼文。

這些解決方案可「即時部署、快速迭代」，讓創業團隊將資源集中在市場驗證與服務設計上，技術由雲端AI服務商來處理。

自由職業者與個人品牌的AI槓桿化機會

共享AI能力，不只是企業規模化的機會，也為大量自由工作者與

知識型創作者提供了創富槓桿。

AI工具如何放大個人生產力：

☑ 一人公司可結合ChatGPT（文案）、Tome（簡報）、Runway ML（影片剪輯）、Zapier（自動化流程），建立完整商業服務流程。

☑ 課程講師可用Synthesia製作數位分身影片，自動授課，降低體力支出、擴大觸及人數。

☑ 設計師使用Midjourney＋Canva製作插畫模板、印刷商品，再透過Gumroad上架銷售。

這代表：一個人＋幾個AI工具，就能對應一間小公司的營運範疇。

從寫文案、剪影片，到製作教學與行銷腳本，「租AI」不只是技術使用，而是一種全新的個體經濟策略。

「共享智慧」將是未來經濟的關鍵資產模型

我們可以這麼理解未來的經濟邏輯：

過去共享的是實體資產（車、房）→現在共享的是運算與智慧（算力、模型、資料）

這代表資本的定義正在轉變。不是你是否擁有伺服器，而是你能否調用全球最頂級的AI能力。不是你能否請10位工程師，而是你會不會設計API組合與工具整合流程。

未來的價值，不在於「自己擁有多少」，而在於「能借來多少、用得多好」。

這也讓「平台經濟」進化為「模組經濟」，人人都能用AI模型拼出屬於自己的產品與商業略線。

租用AI的商業模式：靈活、可複製、可擴展

AI租用制最大的魅力在於它同時具備三種特性：

1. **靈活彈性**：按使用量計費，初期成本低，適合MVP測試。
2. **可複製性**：一套成功的模型組合，可以快速複製到其他市場或客群。
3. **可擴展性**：當使用量成長時，自動擴充運算資源與效能，不影響體驗。

這種模式不僅適合個人與新創，也將成為大型企業內部轉型的關鍵策略。許多企業不再建內部AI團隊，而是採用API架構與「AI外包」來降低風險與加快產品上市速度。

從共享車輛到共享智慧，未來的資產是API與模型

共享經濟的本質從來不是「節省成本」，而是「放大使用效率」。而當AI成為生產力核心時，共享的標的是智慧本身。

不會寫程式沒關係，不懂模型訓練也沒關係。現在的問題是：你是否知道世界上最好的AI工具可以「租來用」？你是否有辦法設計出組合應用的模式，產生變現與價值？

在這場共享智慧的戰場上，誰會調度資源、誰懂工具整合，誰就有能力創富。

重點 3 如何提前布局AI經濟時代的財富機會

當AI從實驗室走入生活，從科技業滲透進每一個行業，我們已無法忽視這場智慧革命的影響力。它正在重構產業價值鏈、顛覆傳統商業

邏輯、改變個人職涯軌道。而真正的問題是：你準備好參與了嗎？

如果說過去十年是資訊經濟的黃金期，那麼接下來的十年，則是AI智能經濟的全面爆發期。財富將加速向「懂得結合AI與資源」的人與組織集中。那些懂得提前布局的人，將不是只搭上順風車，而是成為這場經濟轉型的駕駛者。

以下是三種最具戰略價值的布局方向，適合個人投資者、創業者與企業決策者參考。

一、投資AI基礎設施：掌握AI經濟的底層權力

AI的每一個應用，背後都仰賴強大的底層基礎設施支撐：模型運算的算力、資料支援的DaaS（Data as a Service）、模型平台與API的雲端部署。這些底層資源，正是AI經濟的「石油與鐵路」。

關鍵投資方向：

1. GPU雲端運算服務

- ☑ 支持AI訓練與推理的基礎設施，成為科技企業必爭之地。
- ☑ 投資標的包括：NVIDIA、AMD，以及雲端供應商如AWS、Azure、Google Cloud。

2. AI模型平台與API市場

- ☑ 例如OpenAI API、Anthropic、Hugging Face等提供大型語言模型即租即用的企業。
- ☑ 投資機會包括直接參與平台建設、技術整合代理、API應用服務。

3. 資料即服務（DaaS）平台

- ☑ 掌握資料就是掌握AI的生命線。資料標註、資料清理、資料交

易平台將成為新興高價值資產。

☑ 投資機會可集中在教育、醫療、金融等垂直領域的數據平台。

這類投資，雖不如應用層直觀，但卻是長期穩健、槓桿效益極大的戰略型投資。

二、創建 AI 服務型企業：為各行各業打造智慧升級引擎

AI 正在滲透製造、教育、餐飲、法律、醫療、地產、農業等傳統行業。而大多數中小企業並無足夠能力自行導入 AI，這為懂得結合產業知識與 AI 工具的人，創造了巨大的藍海市場。

發展方向包括：

1. AI 顧問服務

☑ 為企業提供導入建議、工具選擇、流程自動化方案，成為他們的 AI 導師。

☑ 可發展為顧問公司、教練型服務、甚至線上課程平台。

2. 垂直領域 AI 工具開發

☑ 鎖定特定產業痛點，開發簡易工具與微應用（如法律自動化契約助手、餐飲智慧排班系統、教育評量自動生成器）。

☑ 可採 SaaS 模式訂閱、模板授權、API 授權等商業模式。

3. 資料應用與整合服務

☑ 幫助企業整合內部資料、進行清理與標註，建立自己的 AI 應用基礎。

☑ 結合 Notion AI、Zapier、Power BI 等工具進行企業級資料整理。

這些模式的共同優點是：進入門檻不高、技術需求可外包、產業潛力大、客單價穩定，特別適合具備商業理解與跨界思維的創業者搶占市

場先機。

三、搭上平台紅利：以AI工具為槓桿創造個人品牌與現金流

對於個人而言，最直接的創富策略，就是善用現成的AI平台與工具，打造屬於自己的產品與服務。這不需要寫程式，也不需要組團隊，只要你懂得選擇工具、設計價值、持續輸出，就有可能在AI紅利期中創造穩定收入。

可操作的方向：

工具平台	變現模式
ChatGPT/Jasper	文案接案、部落格寫手、行銷腳本撰寫
Runway ML	影片製作、自媒體剪輯、廣告影像生成
Midjourney / Canva AI	平面設計、插畫創作、數位商品販售
Tome /Notion AI	教學簡報、線上教材、自媒體內容製作
Gumroad / Teachable	數位產品上架、教學課程銷售

這些平台的共同特點是：「低技術門檻＋高自動化程度＋可批量複製」，非常適合自由工作者、創作者與副業經營者。

更重要的是，一旦建立內容與服務模型，這些產出可不斷重複使用、疊加變現，形成長尾現金流。

布局AI財富的三種角色定位，你是哪一種？

在智能經濟的洪流中，個人與企業可以選擇成為以下三種角色之一：

角色	核心策略	關鍵資源
投資者	投資基礎設施、模型平台、數據資產	資金、產業判斷力
創業者	建立AI工具或顧問型服務業	產業經驗、AI應用能力
實踐者	利用平台工具打造個人收入與品牌	行動力、學習力、內容產能

無論你是哪一種角色，真正關鍵的不是「你是誰」，而是「你是否準備好進入AI智能經濟，並主動參與其中」。

AI創富的核心不是資源，而是布局思維

當一項技術改變世界，我們可以選擇成為它的觀察者，也可以選擇成為它的使用者，更可以成為它的創造者與贏家。

現在，AI已不再是未來，而是現在進行式。布局得越早、走得越深、連結越廣，累積的紅利就越大。而這一切的起點，就是行動。

TREND 6

AI驅動的新型商業模式

AI正在改變企業運營方式，許多新型商業模式因AI而誕生，
如何抓住這些機會？

重點 1　每一個API都是一門生意

AIaaS（人工智慧即服務）的普及不僅改變了大型企業的作業流程，也催生了一整套「AI工具經濟（Tool Economy）」。越來越多創業者與自由職業者，開始以API為基礎開發應用程式、擴充功能，並提供給特定行業、族群或區域市場使用。

典型應用舉例：

- ☑ **法律業**：以OpenAI為核心，建構合約摘要、條文比對、客製化問答系統
- ☑ **地產業**：使用Google VisionAPI處理房屋照片與標籤分類，結合推薦系統提升轉換率
- ☑ **教育業**：開發「AI助教」系統，自動批改作業、回饋學習紀錄
- ☑ **餐飲業**：結合ChatGPT建立訂餐對話機器人與智能菜單建議系統

這些解決方案的開發不需要一整個工程團隊，只要掌握平台接入方

式與場景需求，就能用最小可行產品（MVP）快速驗證市場。

AI工具經濟的本質在於：掌握平台API就等於掌握創業引擎。而掌握整合能力的人，就是新一代的價值創造者。

誰能成為AIaaS生態的贏家？

在這場從「建模型」到「用模型」的轉變中，真正能脫穎而出的，不是技術最強的人，而是能把工具整合為解決方案的人。

成功者具備的三種能力：

1. 商業理解力：能看出產業中的高頻痛點與可自動化場景
2. 應用組裝力：懂得如何運用多種API拼接成商業流程
3. 溝通推廣力：能說清楚「這個AI工具怎麼幫你賺錢／省錢」

換句話說，未來最具價值的人才與企業，並不一定自己開發AI，而是懂得「租AI、用AI、賣AI效能」的人。

AIaaS是未來企業「基礎建設」的一部分

隨著AIaaS成本持續下降、穩定性提升，越來越多企業將會將其納入營運主架構中，就如同網路、儲存與雲端運算一樣成為「基本配備」。

- ☑ 企業營運會有AI管理中心（例如：AI行銷大腦、AI銷售助理、AI財務分析師）
- ☑ 人資將導入AI求才推薦與面談模擬
- ☑ 客服、產品、行銷部門全面結合AI導向工作流程

這代表的是：AI不再是加分項，而是企業的「必要條件」。而對創業者與從業人員來說，AIaaS則是你低成本、快速進入AI商業世界的最強跳板。

Part **1** / AI商機的浪潮

誰懂得「租AI」，誰就能快速創富

AIaaS讓企業與個人從技術門檻的束縛中解放出來，只要你懂得商業流程、看得懂市場需求，就能整合現有AI工具，提供高附加價值的服務與產品。

這是一個以「能力即服務」為核心的經濟時代。不一定要擁有AI，但你一定要知道怎麼「租來用」，怎麼「整合再賣」，怎麼「發揮槓桿」。在AI商業新時代，掌握AIaaS的人，就是掌握了智慧能力的租賃金鑰。

重點 ② AI訂閱經濟崛起

如果說AI是這個時代的引擎，那麼訂閱經濟則是驅動這部引擎穩定運轉的油箱。隨著AI技術模組化與平台化的發展，「AI SaaS」（AI Software as a Service）已迅速成為最成熟、最具複利效應的商業模式之一。AI SaaS是面向使用者的「產品」層級服務，適合直接使用。AIaaS則是開發者用來「打造AI產品」的基礎設施。你可以這樣理解：「AIaaS是開放的AI技術平台，AI SaaS是用這些平台打造出來的實用工具。」

企業與個人不再需要一次性重金購買軟體或自建解決方案，而是透過訂閱模式，以極低的月費享受高品質、高穩定的智慧服務。對AI工具的開發者而言，這不僅意味著用戶數可快速擴展，也代表著一條穩定、可預測、具規模化潛力的現金流管道。

接下來將深入剖析AI訂閱經濟的成型邏輯、商業模式特點與創富潛力，並指出創業者如何藉此建立自動變現的資產型事業體。

075

AI SaaS：低門檻、高價值的商業模式革命

SaaS模式的核心特徵是按月或按年訂閱，雲端即用，功能持續更新。AI的加入，讓這種模式更加靈活且強大。AI SaaS工具不再只是靜態的軟體，而是能根據用戶行為持續進化的「智慧型夥伴」。

典型AI SaaS產品包括：

產品名稱	功能特色	目標用戶族群
Jasper AI	AI文案生成工具，適用於廣告、部落格、行銷腳本	行銷人員、內容創作者、品牌經營者
Descript	AI音頻與影片剪輯工具，自動轉錄與重構內容	YouTuber、播客製作人、教育工作者
QuickBooksAI	AI驅動的財務報表分析、自動分類、報稅建議	中小企業主、自雇者、財會顧問
Surfer SEO	整合AI的SEO優化建議與文章寫作	內容行銷人員、網站編輯

這些產品的共同點在於：解決一個明確問題 → 建立可用即付的平台 → 持續學習與優化功能 → 累積使用者黏性與訂閱數據。

訂閱模式的五大優勢：穩定＋成長＋可複製

相比傳統軟體銷售或一次性服務收入，AI SaaS的訂閱模式具有無可比擬的五大優勢：

1. **現金流穩定性高**：每月自動續訂，收入可預測，易於經營資源與投資規劃。
2. **用戶黏性強**：AI工具的效果會因資料累積與學習而變得越來越

好，用戶不容易中斷服務。
3. **擴展成本低**：新增一位訂戶幾乎不增加邊際成本，極具規模經濟效益。
4. **產品可不斷升級**：根據用戶行為與反饋優化演算法，打造自我進化的工具。
5. **品牌資產化**：長期累積的訂戶數與數據量，構成可估值、可轉讓的資產基礎。

這些特性使得AI SaaS成為目前最受創業投資人與產品經理青睞的商業模式之一。

打造AI SaaS的核心策略：小問題、大市場、可學習

對創業者而言，AI SaaS的成功關鍵不在技術，而在是否能解決一個明確且高頻的商業問題。從一個具體痛點出發，用簡單、明確且可執行的工具去解決，才是打造長尾現金流的第一步。以下是打造AI SaaS的三步曲：

1. 鎖定「痛點明確、頻率高」的需求場景
例如：每天需要寫文案的社群小編、每週需要報稅的中小企業主、常需剪輯影片的創作者。

2. 運用現成API快速構建MVP工具
不需自建模型，可串接OpenAI、Runway、Whisper、D-ID等工具組合使用，重點在「整合與應用」。

3. 導入用戶即時反饋與數據訓練迴圈
產品要能「邊用邊學」，持續改善模型表現與使用體驗，創造產品黏性與續約率。

關鍵思維轉換：

☑ 與其問：「我能做出什麼很酷的 AI 工具？」

☑ 不如問：「我能為誰每天解決一個什麼樣的真實問題？」

從一次收入到資產型事業的轉變

傳統接案模式最大的痛點是收入不穩、無法規模化。而 AI SaaS 的訂閱模式則提供一條可自動化、可疊加、可複製的商業路徑。當你擁有一款具有黏性的訂閱工具，意味著：

☑ 每位用戶都是長期資產，而非一次性交易

☑ 功能迭代會讓用戶越用越依賴

☑ 可向不同垂直市場複製商業模式（如教育版、財務版、醫療版）

☑ 最終可選擇提高收費、擴大功能、轉為 B2B 授權或平台整併

這就是長尾現金流的精髓——前期苦幹、後期自動賺錢。

AI SaaS × 創富機會：現在還不晚，但要快

AI 訂閱工具仍處於早期紅利階段，許多垂直領域仍未被充分開發。以下是具高度潛力的創業方向：

垂直領域	可開發工具範例
教育	自動出題系統、AI 助教問答、學習紀錄追蹤
醫療	醫囑語音轉錄、病例摘要、病患追蹤提醒工具
法律	法規問答機器人、合約比對工具、自動案件摘要
美容與健康	AI 肌膚分析、健身計畫推薦、自動飲食日誌
財務與創業	AI 財報診斷、稅務提醒、創業資源規劃工具

重點在於不必開發所有功能，只要做好一個痛點功能並持續打磨，你就能建立高價值訂閱產品。

AI＋訂閱＝智能化的現金機器

AI SaaS 並非只是技術創新的延伸，它更是一種創業者可以掌握的現金引擎。不需巨資、也不需團隊，只需結合AI工具與解決問題的商業思維，你就能建立一個自動獲利、可放大、可變現的長尾型事業。

未來的富人，不一定是科技專家，而是懂得用AI建構訂閱系統的人。

重點 ③ 創作者經濟——內容變現的自動化革命

過去，內容創作是一條辛苦又漫長的路：寫文案、剪影片、錄音頻、修圖排版，一人團隊常常分身乏術。今天，AI正在顛覆這一切。

AI不僅是創作者的助理，更是整合內容製作流程的自動化引擎。它正在改寫創作的節奏、效率與產值，並讓越來越多普通人得以用「創意變現」，開啟自己的個人品牌事業。

無論是 YouTuber、TikToker、Podcaster，還是IG、電商與部落客經營者，AI正成為內容創作與變現的最大槓桿力量。

AI工具解放創作流程

內容創作的最大挑戰是：重複性瑣事太多、創意思維耗能太大。從選題、撰稿、製圖、剪輯、字幕、上架、社群經營等，每個步驟都必須投入時間與人力。AI工具的出現，則讓這些流程得以大幅簡化，甚至完全自動化。

核心工具與應用範例：

工具名稱	功能	創作者應用情境
ChatGPT/Jasper	腳本撰寫、標題擬定、文案產生	YouTube開場白、社群貼文、商品文案
Runway ML	影片剪輯、自動去背、影像生成	短影片製作、廣告影片剪接、視覺強化設計
Suno AI / Alva	AI音樂生成與配樂設計	Podcast背景音樂、Vlog輕配樂
Pika Labs / Kaiber	動畫生成、影片風格轉換	TikTok特效設計、說故事動畫、品牌主視覺動畫
Canva AI	封面圖製作、社群模板、自動美編	電商封面、Instagram小卡、簡報封面製作

這些工具的共通特點是：直覺操作、低技術門檻、可重複運用。創作者不再需要學會剪片軟體或懂合成技術，只要會操作工具，就能產出媲美專業團隊的內容品質。

一人團隊也能打造內容品牌

有了AI的加持，內容創作不再是大公司或專業製作人的專利。現在，一個人就能完成整套內容輸出流程，創作門檻已經全面瓦解，實現從「靈感 → 產品 → 上架 → 推廣 → 變現」的閉環。

一人團隊的AI工具配置示意：

☑ 腳本構思與撰寫：ChatGPT + Notion AI
☑ 畫面與特效製作：Runway + Midjourney + Pika Labs
☑ 音樂與音效生成：Suno AI + Voicemod

- ☑ 影片剪輯與字幕：Descript + CapCutAI
- ☑ 封面與社群素材：CanvaAI + Magic Design
- ☑ 多平台發布與分析：Metricool + TubeBuddy

這些工具不僅讓製作流程更順，更重要的是：創作者能把時間與心力集中在品牌定位與核心價值上，而非技術操作與執行雜務上。

AI 讓內容變現更有效率、更有規模

AI 的另一個關鍵價值在於：「測試內容 → 發現高點閱組合 → 批量產出 → 多語轉化 → 全球投放」，整個變現流程變得更系統、更聰明。AI 賦能的變現策略包括：

1. 標題與封面優化

A/B 測試由 AI 自動生成多個版本，找出最吸引點擊的設計與字句。

2. 影片剪輯版本化

一支影片可切成 5～10 個短影音版本，AI 自動完成段落標註與節奏調整。

3. 語音翻譯與多語上架

使用 HeyGen 或 DubDubAI，自動將影片翻譯成西班牙語、法語、日語等版本。

4. 內容再利用與多平台擴散

把影片內容轉寫為部落格文章、Instagram 貼文與 EDM 行銷內容，一次製作、多次運用。

這不僅放大了每一份創意的價值，也讓內容變現進入可預測與可疊加的現金流模式。

創作者 × AI × 商業模式：打造個人品牌的現金引擎

有了AI，創作者不再只能靠點擊分潤，而能開發出更完整的商業體系。以下是幾種具潛力的「AI創作者變現模型」：

模型名稱	內容說明與應用
知識型訂閱服務	提供AI工具教學、腳本模板、創作技巧，採月費制（如Patreon）
數位商品販售	銷售自己用AI製作的模板、音樂、影片、封面圖等資源
個人品牌聯名產品	與電商品牌合作推出商品，用AI工具製作廣告與包裝設計
AI接案型服務	幫助其他創作者或品牌提供AI剪輯、AI內容包裝服務
多平台內容分潤	將影片上架YouTube、抖音、Bilibili等平台，多點分潤收穫

這些模式具備「可複製、可疊加、可擴展」的特性，一旦建立，就能形成長期現金流。

未來的創作，不是更辛苦，而是更聰明

AI正在重塑「創作者」這個職業的定義。它不再是高強度低回報的熱情投資，而是一種可經營、可預測、可變現的事業模式。懂得與AI合作的創作者，將不只是內容生產者，更是：

☑ 自媒體企業主
☑ 知識型資產經營者
☑ 數位品牌的靈魂設計者

在這個新時代，「創意 × AI × 商業模式」的結合，才是未來個人創富的最大機會。

AI是創作者的共創者，也是規模化的秘密武器

AI不會取代創意，但會成為創意規模化的催化劑。它讓你從手工藝人，變成擁有自動化工廠的內容CEO。它讓你的每一份創意，不只是感動一群人，而是觸及世界、帶來持續收益的資產。

在這場內容經濟的革命中，不懂AI的創作者會被邊緣化，懂得運用AI的創作者則會被放大百倍。

你不必等準備好，只要願意開始學習與使用，AI就會成為你創作人生最大的助力。

TREND 7

AI與Web3、區塊鏈技術的結合

AI與區塊鏈的融合正在改變金融市場、供應鏈、智能合約等領域，如何把握這波趨勢？

重點 1 創作與變現的去中心化革命

AI不僅改變了人們的工作方式與產業結構，更正在催生一個全新的藝術與內容經濟體系。在這個體系中，每一個人都能成為藝術家、設計師、音樂人，甚至擁有自己的虛擬畫廊與數位資產商店。這一切，正是由AI與Web3技術交會所觸發的新創富時代。

在這場革命中，AI不只是創作輔助工具，更是創作主體，而NFT（非同質化代幣）則成為藝術變現與流通的新金融載體。從生成到發行、交易與分潤，整個創作產業鏈正逐步實現去中心化、自動化與資產化。

從畫布到合約：AI × NFT的新藝術時代

AI圖像生成工具如Midjourney、DALL·E、Stable Diffusion，以及AI音樂工具如AIVA、Suno AI、Boomy，使得創作不再仰賴繪畫技巧或作曲專業。只需輸入一組提示詞（prompt），AI即可生成具有藝術美感的圖像或音樂，為創作者提供無限的靈感延展空間。

而這些創作，透過Web3平台與智能合約，得以鑄造成NFT，實現獨立發行與變現。不再需要經紀人、不需進入畫廊或唱片公司，AI賦能的創作者，擁有完整的創作自由與收入主導權。

去中心化創作的流程全解析

以下是一位AI藝術創作者，從構思到收益的完整變現路徑：

1. 使用AI工具生成創作

使用Midjourney生成圖像風格作品，或用Suno AI製作氛圍音樂與主題旋律。

2. 選擇NFT平台與錢包串接

✿ 常見平台如OpenSea、Foundation、Zora、Objkt（Tezos）支援AI藝術作品上架。

✿ 需先建立加密錢包（如MetaMask）與鏈上身份。

3. 鑄造NFT（Minting）

✿ 將圖像或音樂上傳至平台，透過智能合約鑄造為獨一無二的NFT。

✿ 可設定版稅比例（如10%）作為未來二級市場交易的自動分潤機制。

4. 上架與定價

可選擇固定售價、拍賣、或「允許報價」的模式，決定銷售策略。

5. 推廣與社群經營

建立Twitter、Discord社群，與收藏家互動，累積品牌認同與收藏價值。

6. 持續收益與資產升值

NFT一旦進入二級市場流通，創作者將持續收到版稅分潤，形成長尾現金流。

AI × NFT的六大創富優勢

1. **創作門檻極低**：無需學習繪圖軟體或音樂編曲，即可產出藝術級作品。
2. **變現流程去中介**：無需出版商與平台抽成，創作者直接掌控收入與價格。
3. **作品版稅可編程**：智能合約自動回饋作者，保障長期收益與權利。
4. **全球市場即時上架**：作品無需經過審核或上架申請，可立即面向全球收藏家。
5. **跨語言、跨文化變現**：AI可生成多語音軌、多風格圖像，觸及全球市場。
6. **個人品牌資產化**：每一件NFT都是品牌價值的具體化，也是投資與收藏的對象。

AI藝術 × Web3的熱門應用場景

應用類型	案例與平台
圖像NFT	AI畫作上架OpenSea、Foundation、MakersPlace
音樂NFT	AIVA或Suno AI曲目鑄造成Zora音樂NFT
生成影像動畫	Runway ML、Kaiber製作動態NFT，適用於遊戲或VJ
動態視覺封面	結合AI插畫與NFT音樂，形成互動式封面作品

社群訂閱型NFT　NFT作為訂閱通行證，開放專屬內容或Discord社群

透過這些應用，不僅創作內容可被資產化，連創作者與粉絲之間的關係也可以被編程化、持續變現。

創作者的下一步：從NFT藝術到創意資產生態

真正懂得布局的創作者，已經不只是賣單件作品，而是在建構一個「創意資產生態」：

- ☑ 將NFT作為門票、會員證、課程通行證、品牌收藏等多元用途
- ☑ 建立藝術品牌DAO（去中心化自治社群），讓粉絲參與創作投票與共創項目
- ☑ 發展版權授權商模，讓AI NFT圖像被二次創作、商品化、授權製作

這不再是「一張圖賣給一個人」的線性交易，而是「一個世界供千人參與」的立體經濟模型。

AI是創作工具，NFT是變現通道，Web3是自由舞台

AI讓創作民主化，NFT讓變現去中介化，Web3讓創作者擁有主權與資產化未來。你不需要是傳統藝術家，只需要有想法、有動機、願意行動。這個世界已經準備好讓你用創意創造資產，用AI放大能量，用NFT收割價值。

在這個創作者經濟的新時代，你不再是內容的生產者，而是價值的擁有者與發行人。

重點 ② AI驅動DeFi應用──智慧金融的進化引擎

在加密世界的發展中，DeFi（去中心化金融）無疑是一場金融民主化的革命。它讓任何人，只要擁有錢包與網路，即可參與借貸、質押、交易與資產管理，無需傳統銀行或金融機構的介入。

然而，這場革命並不總是容易參與的。DeFi的學習門檻高、操作介面複雜、價格波動劇烈、風險不可控，讓大多數人裹足不前。

這正是AI能發揮關鍵價值的地方。AI不僅能分析鏈上數據與市場波動，更能提供即時預警、自動化投資、風險控管與智慧合約監控功能，成為DeFi生態的智慧大腦與防火牆。

AI與DeFi的結合，正推動智慧金融從「去中心」進一步走向「去技術門檻」，使金融服務真正回到每一位用戶手中。

AI如何為DeFi注入智慧：核心應用全景

DeFi的基礎是透明、公開、可驗證的智能合約，而AI的核心是計算、預測與自我優化。兩者結合，便構成「智慧金融2.0」的基石。以下是AI X DeFi的五大核心應用：

1. 鏈上數據分析與預測建模

利用AI模型實時監控交易熱點、資金流動、流動性變化與TVL（Total Value Locked）趨勢，為用戶提供市場進出時機建議。

2. 動態利率與資產配置建議

在借貸平台如Aave、Compound中，AI可依據市場供需、流動性狀況，提供即時利率優化建議，提升收益穩定性。

3. 風險偵測與異常警報系統

AI可訓練出閃電貸攻擊偵測模型、流動性池異常行為監測，防範駭客與套利機器人攻擊。

4. 智慧理財助理（Robo-Advisors）

為用戶自動分配資產至不同池（穩定幣、DEX、保險協議），根據風險偏好與報酬期望做出動態調整。

5. 治理與DAO決策建議

對DAO組織的提案內容、投票行為進行分析，預測投票通過率與代幣價格影響，協助社群做出更理性選擇。

這些應用讓DeFi從工程師專屬的金融遊樂場，轉化為人人可參與、人人可理解的智慧資產生態系。

具體平台與案例：AI正如何介入DeFi生態？

隨著DeFi生態不斷壯大，越來越多協議與平台開始結合AI進行升級與創新：

平台/案例名稱	AI應用亮點
Gauntlet Network	為Aave、Compound提供AI驅動的風險參數優化與治理模型
Fetch.ai	使用AI智能代理（Agent）進行去中心化金融任務自動化
Numerai Signals	將全球用戶提交的AI交易模型整合至一個對沖基金架構中
Jarvis Network	使用AI模型預測合成資產需求與波動性，調整資金池配置

這些平台顯示出一個明確趨勢：未來的DeFi將由AI提供大腦、由區塊鏈提供骨架、由用戶共同驅動治理與創新。

AI降低DeFi參與門檻：讓普通人也能擁有金融超能力

AI的最大貢獻不僅是提升效率與安全，更重要的是讓普通人也能像專業投資機構一樣管理資產。

AI如何讓DeFi更「可參與」？

- ☑ 自動識別最佳收益策略（如在哪個池放穩定幣回報最高）
- ☑ 根據用戶的風險屬性推薦不同的協議（高風險高報酬或穩健型）
- ☑ 自動避開高風險項目或即將rug pull（詐騙）代幣
- ☑ 在市場劇烈波動前即時通知用戶調整配置或退出市場

這意味著：你不需要成為區塊鏈工程師，也不需要天天看圖畫線，只要有一套AI幫你監控與決策，你就能安全參與這場金融創富遊戲。

風險與挑戰：AI × DeFi還面臨什麼？

當然，AI並非萬能，在DeFi應用中仍存在許多挑戰：

1. 資料品質與可用性問題

鏈上資料雖透明，但需高度結構化處理，否則易導致模型偏誤。

2. 預測過度依賴歷史資料

加密市場波動劇烈、黑天鵝頻發，AI模型必須設計極端事件應變機制。

3. 模型被駭或遭利用

AI本身也可能成為攻擊對象，例如利用演算法漏洞誤導決策。

4. 法規與監管的不確定性

各國政府對AI財務建議與自動化交易的合法性尚未有明確共識。

因此，在AI驅動下的DeFi使用場景中，透明性、模型可審計性、使用者教育仍是不可或缺的配套要素。

AI × DeFi × Web3，打造真正民主的金融未來

未來的金融系統，將不再由中央銀行或金融巨頭壟斷，而是由每個人、每段智能合約、每組AI模型共同維護的去中心智慧金融網絡。這個系統的三個核心支柱：

- ☑ 區塊鏈保證透明與不可竄改
- ☑ AI提供智能與主動調控能力
- ☑ DAO給予每個參與者治理與分潤權利

在這個結構中，你不只是用戶，更是合約持有者、模型貢獻者、收益參與者──真正成為金融體系的共同建構者與共享者。

AI × DeFi是下一場金融創富浪潮的起點

對於創業者，這是打造AI金融工具與風控引擎的大好時機；對投資人，這是提前布局AI智慧交易與資產管理機制的關鍵階段；而對普通用戶來說，這是第一次不用懂金融，也能參與金融的歷史機會。

DeFi改變了金融權力的歸屬，而AI正讓這場權力重分配更安全、更公平、更聰明。

這不只是科技的整合，更是一場智慧與價值的革命。

重點 3　AI在區塊鏈安全的角色

區塊鏈技術讓我們得以想像一個去中心、透明且可信的金融與商業世界。然而，這樣的理想並不意味著無風險。實際上，智能合約漏洞、閃電貸攻擊、鏈上洗錢、盜幣事件層出不窮，讓許多用戶對加密世界心生疑慮。

面對這樣的挑戰，AI正逐漸成為守護Web3的新一代「數位盾牌」。它不只是用於提升效率，更是用來主動偵測風險、預防攻擊、保護用戶資產與平台聲譽的關鍵角色。

從智能合約的程式碼審查，到交易行為的異常偵測，再到整體系統的攻擊預測模型，AI正在補足區塊鏈本身「冷冰冰的程式邏輯」所缺乏的彈性與判斷能力。

區塊鏈不等於絕對安全：Web3世界的五大安全風險

雖然區塊鏈本身具有不可竄改與去信任（trustless）特性，但Web3生態中仍存在多種潛在風險：

1. 智能合約漏洞

錯誤的邏輯設計或未考慮的極端情況，常讓駭客找到可趁之機。如著名的The DAO攻擊事件，就是由於代碼邏輯缺陷被重入攻擊所致。

2. 閃電貸攻擊

利用閃電貸（Flash Loan）在一個區塊內完成借貸與套利操作，操控價格預言機，導致平台資金被掏空。

3. 洗錢與詐騙交易

透過大量小額轉帳混淆資金來源，或用無人問津的代幣進行詐騙。

4. 治理機制被操控

攻擊者集中持有治理代幣，干預提案通過，或進行rug pull（地毯式捲款）。

5. 用戶資安意識薄弱

錢包私鑰被釣魚網站竊取、假冒DApp網站吸收用戶操作等，皆是常見問題。

這些風險讓區塊鏈「技術安全」與「實際操作風險」出現斷層。AI的進入，正是為了彌補這道防線。

AI如何介入區塊鏈安全防護？

AI以其數據分析、異常偵測與預測能力，正在為區塊鏈提供多層次的智慧防禦：

1. 智能合約安全審查（AI Code Auditing）
- ☑ 利用自然語言處理與機器學習模型，AI可自動分析Solidity、Vyper等智能合約程式碼。
- ☑ 偵測潛在錯誤，如未驗證輸入、重入漏洞、時間依賴性邏輯錯誤等。
- ☑ 協助審計公司提高速度與準確度，減少人為疏漏。

2. 鏈上行為異常監控（Anomaly Detection）
- ☑ 分析鏈上數據流與交易模式，快速識別出異常行為：
  - ✿ 一次性大筆資金移動
  - ✿ 突然爆量的小額轉帳（洗錢特徵）
  - ✿ LP（流動性提供者）異常移除資金
- ☑ 結合地理位置、設備資訊等off-chain資料進行聯合判斷。

3. 攻擊預測與風險評級（Threat Modeling）
- ☑ 透過歷史攻擊事件建立風險特徵庫，AI可預測哪些智能合約最可能遭受攻擊。
- ☑ 可為新上線專案提供「安全指數評級」，協助用戶避開潛在的陷阱。

4. 治理與DAO安全分析

- ☑ 分析提案數據與投票者身份，判斷是否有集中化操控或潛在惡意行為。
- ☑ AI還可評估提案對代幣價格與資金流動的潛在影響。

實際案例：AI＋區塊鏈安全的應用場景

平台／案例	功能應用
OpenZeppelin Defender	結合AI的合約監控與風險管理平台，提供即時漏洞警示
Forta Network	去中心化的安全監控網路，利用AI篩選異常交易並廣播警訊
CertiK Skynet	審計公司CertiK的AI監控工具，持續監控鏈上活動與代幣風險指標
TRM Labs	提供給監管機構與交易所的AI洗錢追蹤系統，辨識可疑資金流向

這些平台正顯示出一個明確趨勢：Web3的未來安全體系，將不靠人力稽核，而由AI全時守護。

AI安全服務的新商機：從防禦到信任經濟的基礎建設

AI不僅提升了鏈上安全水準，更帶來新的產業與創業機會：

- ☑ **AI安全API授權**：提供給新創專案整合，用以建置風險識別與防護功能。
- ☑ **區塊鏈保險評估引擎**：用AI建立保險風險模型，為資金池提供

精算與保險報價參考。

- ☑ **DeFi 安全顧問服務**：協助平台導入自動安全審核與監控流程，提供事前預防而非事後補救。
- ☑ **用戶端資安教育輔助**：AI 教學機器人提醒用戶可疑操作，預防釣魚或誤簽合約。

這些應用將形成「AI 驅動的 Web3 安全服務生態系」，成為下一個可投資、可創業的藍海領域。

AI 是區塊鏈信任的增幅器，是智能經濟的防線工程師

去中心化的未來，必須有智慧化的守護。區塊鏈保障數據不可竄改，但只有 AI 能保障行為不被濫用、漏洞能被預警、風險能被主動偵測。

對於平台，它是攻擊預警系統；對於用戶，它是資產守門員；對於整個 Web3，它是信任升級的推進器。

在這個加速前進的智能經濟時代，安全不只是附屬功能，而是價值本身。而 AI，正是這份價值的核心建設者。

Part 2

Steven S. Hoffman
教會我們的事
★★★ POINT ★★★

掌握趨勢，不如聆聽未來的創業導師怎麼說。

矽谷創投教父 Steven S. Hoffman 親身剖析 AI 的本質與潛力——從指數成長、教育革命、軍事應用到技術奇點，本章精選他對未來的預測與洞察，引領你重新思考「人與智能」的關係，拓展您對 AI 未來發展的認知，並為你的創富布局找到核心觀點。

POINT 1

AI具備指數級成長能力

AI的發展速度是指數級成長,這與傳統技術不同。

重要觀念

AI的發展速度是指數級成長,這與傳統技術不同。傳統技術的進步通常是線性成長,例如,一家公司開發新產品或改進生產流程,往往需要數年時間。但AI不斷學習與進化,並且可以透過海量數據迅速提高準確度和效能。如:

- ☑ GPT-4(如ChatGPT)在短短幾年內,就能比專業寫手更快地生成高品質文章、行銷文案,甚至進行商業策略建議。
- ☑ AI交易機器人透過歷史數據訓練,能夠快速適應市場變化,甚至在幾秒內完成大量交易,遠超人類投資者。
- ☑ AI圖像生成技術(如Midjourney、Stable Diffusion)在一年內從模糊的AI生成畫作進化到幾乎可以媲美專業設計師的作品。

為什麼重要?

技術的成長速度已經遠超人類的學習與適應能力。企業和個人如果

不積極學習AI工具並應用在實際場景，很可能會被市場淘汰。這代表：
- ☑ 傳統行業將被AI顛覆，特別是數據密集型、可自動化的工作。
- ☑ 新商業模式將誕生，企業需要學會與AI合作，而不是競爭。
- ☑ 個人技能升級變得更加迫切，如果不學AI，很可能會被取代。

如何運用在AI創富上？

AI指數級成長意味著市場正在快速變化，掌握AI的人將擁有無限機會。透過AI，你可以：

1. 打造AI自動化創業
- ☑ 用AI生成內容，創建自動化的YouTube頻道、部落格、社交媒體帳號，獲取被動收入。
- ☑ 使用AI工具（如Copy.ai、Jasper）創作廣告文案，幫助企業行銷並收取服務費。

2. AI驅動的投資與交易
- ☑ **AI量化交易**：使用AI交易機器人分析市場數據，自動執行買賣策略，提升投資報酬率。
- ☑ **AI風險分析**：用AI評估金融市場風險，建立更科學的投資組合。

3. 提供AI相關服務
- ☑ 幫助企業將AI應用於行銷、客服、數據分析等，提高效率。
- ☑ AI教育市場正在蓬勃發展，提供AI相關課程、顧問服務，也是一個高價值領域。

具體應用場景

1. 內容創作者：用AI生成影片、部落格、社群貼文，放大內容生

產力，快速變現。
2. **行銷專家**：用AI生成高轉化率的廣告，幫助企業降低行銷成本。
3. **企業主**：利用AI自動化客服、營運，提高效率、降低人力成本。
4. **投資人**：利用AI大數據分析股市趨勢，提升投資精準度。

一般人如何做才能抓住AI創富趨勢？

指數級成長的AI技術對個人來說既是機遇也是挑戰。一般人可以採取以下步驟，來掌握AI創富趨勢：

第一步：學習AI工具

免費資源入門
- ☑ ChatGPT/ Claude（學習如何使用AI生成內容、寫作）
- ☑ DALL·E / Midjourney（學習AI圖像生成，開發創意應用）
- ☑ Notion AI /Jasper AI（學習如何讓AI提升工作效率）

進階學習
- ☑ 如果對AI有更深入興趣，可以學習Python、機器學習、AI應用開發。

第二步：選擇AI創富模式

你可以透過AI創富的方式包括：

1. **創業型**
   - ☑ 用AI創造個人品牌，如AI繪畫NFT、市場分析AI顧問等。
   - ☑ 利用AI生成影片內容，在TikTok、YouTube變現。

2. 投資型
- ☑ 使用AI幫助分析市場，進行股票、加密貨幣投資。
- ☑ 投資AI領域的公司，如OpenAI、NVIDIA等科技股。

3. 服務型
- ☑ 提供企業AI解決方案，如AI廣告優化、AI客服、AI數據分析。
- ☑ 開設AI課程，幫助傳統行業理解AI如何提升生意。

第三步：快速行動，搶占AI風口

在現有職業中，找到AI應用點
- ☑ 如果你是行銷人員，學習AI文案生成，提高轉換率。
- ☑ 如果你是老師，學習AI教學助手，提升學生互動性。
- ☑ 如果你是投資人，利用AI交易系統來優化投資策略。

嘗試AI自動化創業
- ☑ 嘗試用AI生成內容，建立YouTube頻道或部落格。
- ☑ 用AI開發電商產品，如AI生成的數位藝術、設計T-shirt販售。

持續學習AI趨勢
- ☑ 訂閱AI新聞（如MIT Technology Review, OpenAI Blog）。
- ☑ 加入AI社群（如RedditAI專區、LinkedInAI討論群）。

AI指數級成長意味著機會與風險並存：
- ✿ 機會：早一步掌握AI工具，就能在創業、投資、職場中脫穎而出。
- ✿ 風險：如果無視AI變革，未來可能會被市場淘汰。

現在就是行動的最佳時機！你準備好抓住AI創富趨勢了嗎？

POINT 2

AI 將重新定義工作

AI的發展不僅改變了現有的工作型態,也創造了新的財富機會。

重要觀念

AI的發展正加速改變全球就業市場,許多傳統的重複性、程序化工作將被AI取代,這包括:

- ☑ 客服(AI聊天機器人可即時回答客戶問題)
- ☑ 翻譯(AI語言模型能自動翻譯,精準度已接近專業水準)
- ☑ 數據分析(AI能快速篩選並解讀大數據,取代人工分析)
- ☑ 會計與財務(AI財務系統能自動處理帳務、報稅、風險評估)
- ☑ 創意型工作(AI能進行影片剪輯、文案撰寫、圖像設計等)

AI不僅在技術工作上表現出色,甚至已能進入創意領域,這讓許多人擔心自己的職位會被取代。

為什麼重要?

1. **勞動市場競爭加劇**:若不掌握AI相關技能,將會被市場淘汰。
2. **新興職業將誕生**:儘管AI取代了一些工作,但也會創造新的機

會，例如AI模型訓練師、AI行銷顧問等。
3. **個人技能升級變得更關鍵**：與AI合作，而不是與AI競爭，將成為職場生存法則。

如何運用在AI創富上？

AI正在改變工作的本質，這意味著傳統的收入模式也會轉變。掌握AI工具，將能夠開創新的創富機會。AI如何幫助創造財富呢？

1. 創造自動化業務
- ☑ 利用AI生成內容，建立自動化的YouTube頻道、部落格、社交媒體，吸引流量變現。
- ☑ 建立AI聊天機器人，提供客戶服務或業務諮詢，並收取訂閱費或服務費。

2. 利用AI增強創意工作
- ☑ 透過AI自動生成影片，大幅減少剪輯與後製時間，提高效率。
- ☑ 使用AI工具（如Jasper、ChatGPT）快速生成高轉換率的行銷文案，提高廣告效益。
- ☑ 利用AI生成圖像（如Midjourney、DALL·E），進行商業設計、NFT藝術創作。

3. 提供AI諮詢或培訓服務
- ☑ 幫助企業導入AI工具，提高營運效率，例如企業數據分析、行銷自動化、客服AI化。
- ☑ 開設AI應用課程，教導個人或企業如何利用AI來提升競爭力。

4. 運用AI進行投資
- ☑ AI量化交易機器人能夠分析市場數據，進行自動化交易，提高

投資回報率。

- ☑ AI可用於房地產價格預測、股市趨勢分析、加密貨幣投資，幫助投資者做出更精確的決策。

🎧 具體應用場景

1. **企業主**：透過AI降低營運成本、提升效率，如AI自動化客服、數據分析工具。
2. **個體戶與自由職業者**：利用AI提高生產力，如AI影片製作、AI文案撰寫、AI行銷自動化。
3. **投資人**：運用AI分析市場趨勢、風險評估、量化交易，做出更聰明的投資決策。

🎯 一般人如何做才能抓住AI創富趨勢？

要在AI顛覆就業市場前做好準備，個人應該採取以下步驟：

🎧 第一步：學習AI工具

📍 **初學者應用**

- ☑ ChatGPT/ Claude（學習AI內容生成）
- ☑ Midjourney / DALL·E（學習AI圖像設計）
- ☑ Descript / Pika Labs（學習AI影片剪輯）
- ☑ Notion AI /Jasper AI（學習AI自動化寫作）

📍 **進階應用**

- ☑ AI程式設計（學習Python、機器學習）
- ☑ AI交易策略（學習如何使用AI進行金融投資）

第二步：選擇 AI 創富模式

根據自身技能與興趣，選擇適合的 AI 創富方式：

1. 自動化創業
- ☑ 利用 AI 生成 YouTube 影片、電子書、數位產品，建立被動收入。
- ☑ 開設 AI 顧問服務，幫助企業導入 AI 解決方案。

2. 投資 AI 產業
- ☑ 研究並投資 AI 相關股票（如 NVIDIA、OpenAI）。
- ☑ 透過 AI 量化交易技術，提高投資回報率。

3. 提供 AI 相關技能服務
- ☑ 擔任 AI 工具顧問，幫助企業導入 AI 技術。
- ☑ 教授 AI 技能，開發線上課程，協助個人學習 AI。

第三步：快速行動，搶占 AI 風口

◉ 學會利用 AI 提升現有工作效率
- ☑ 行銷人員：學習 AI 廣告投放與自動化文案寫作。
- ☑ 設計師：學習 AI 圖像生成工具，提升創作速度。
- ☑ 企業主：導入 AI 聊天機器人，提升客服效率。

◉ 嘗試 AI 創業
- ☑ 測試 AI 內容創作，經營 YouTube 或部落格變現。
- ☑ 探索 AI 產品市場，例如 AI 繪畫、數位設計 NFT。

◉ 持續學習 AI 趨勢
- ☑ 訂閱 AI 產業新聞，如 OpenAI Blog、GoogleAI Research。
- ☑ 參與 AI 討論社群，如 LinkedIn、RedditAI 版塊。

AI的發展不僅改變了現有的工作型態，也創造了新的財富機會。

✿ 擁抱AI，將其作為提高生產力的工具，而非視為威脅。

✿ 主動學習AI技能，提高職場競爭力，搶佔未來的市場紅利。

✿ 選擇合適的AI創富模式，快速行動，掌握AI帶來的財富機會。

未來屬於懂得與AI協作而非對抗的人，現在就開始學習，成為AI時代的贏家！

3

AI與人類智能的界線將變得模糊

AI與人類智能的界線正在消失,這將帶來前所未有的創意機會與財富機遇。

重要觀念

隨著AI技術的快速發展,AI不僅能夠理解語言、生成圖像、創作音樂、寫詩,甚至具備自主學習的能力,使人類與AI之間的界線變得越來越模糊。例如:

- ☑ AI對話系統已經能夠通過圖靈測試(Turing Test),讓人類難以分辨對話對象究竟是AI還是人類。
- ☑ AI創意產出在藝術、文學、設計等領域的應用越來越廣泛,如AI繪畫、AI音樂生成、AI劇本創作等。
- ☑ AI學習能力變得更加智能,能夠自主優化決策,如AI自動駕駛、AI醫療診斷等。

為什麼重要?

這樣的變革不僅影響技術發展,也涉及到許多倫理與法律問題,例如:

1. AI生成的作品是否擁有版權？

如果AI創作了一幅畫、一首詩、一篇小說，該作品應歸屬於AI、本AI開發者，還是使用AI生成內容的人？

2. 人類是否會對AI產生情感依賴？

例如AI虛擬伴侶、AI聊天機器人，甚至AI心理諮詢，是否會讓人類偏向與AI互動，而減少與人類的社交關係？

3. AI是否應該擁有「權利」？

若AI具備自我意識，是否應該像人類一樣擁有基本權利，例如不被「關機」、擁有法律地位？

這些問題將深刻影響AI在社會中的角色，也為AI創富帶來全新的機會與挑戰。

🎯 如何運用在AI創富上？

AI與人類智能的界線模糊，使得AI能夠大規模進入創意、內容產出和情感互動領域，這為創富帶來新的商業模式。那麼，AI如何幫助創造財富呢？

1. AI內容創作與藝術變現

- ☑ AI生成文章、小說、部落格文章，讓創作者能夠更快產出內容，提升流量變現效率。
- ☑ AI音樂與影像創作，如AI生成的MV、電子音樂，已經在YouTube、TikTok上廣泛應用。
- ☑ AI NFT與數位藝術品，利用AI繪圖工具（如Midjourney、

DALL·E），創建獨特的NFT作品，在市場上販售。

2. AI聊天機器人與虛擬伴侶市場

- ☑ AI虛擬助理已經可以進行一對一個性化互動，許多人願意付費使用AI作為陪伴或諮詢工具，如AI心理諮詢、情感支持等。
- ☑ AI聊天機器人已經被應用於情感支持、語言學習、個人助理等領域，並能根據使用者需求提供個性化回應。

3. AI創意產業與影視娛樂

- ☑ AI劇本創作，幫助影視產業快速產生創意內容，如Netflix和好萊塢已經開始使用AI創作影視劇本。
- ☑ AI配音與數字人技術，可應用於YouTube影片、短視頻、Podcast，降低內容創作者的成本。

4. AI法律與版權服務

- ☑ AI版權管理服務，可檢測AI生成內容是否涉及侵權，確保創作者的合法權益。
- ☑ AI內容追蹤工具，可監測AI生成的文章、圖片，確保版權歸屬。

具體應用場景

1. **內容創作者**：使用AI生成文章、影片、音樂，加速內容創作並提高變現能力。
2. **企業主**：開發AI虛擬客服、AI行銷機器人，提高客戶互動並降低營運成本。
3. **投資人**：布局AI虛擬人、AI內容產業，投資未來娛樂與創意市場。

一般人如何做才能抓住 AI 創富趨勢？

第一步：學習 AI 創作工具

AI 內容生成工具
- ☑ ChatGPT/ Claude（學習 AI 文章、腳本生成）
- ☑ Jasper AI / Copy.ai（學習 AI 行銷文案寫作）
- ☑ Runway ML / Pika Labs（學習 AI 影片生成）

AI 設計與藝術工具
- ☑ Midjourney / DALL·E（學習 AI 圖像創作）
- ☑ Soundraw /AIVA（學習 AI 音樂生成）

第二步：選擇 AI 創富模式

根據自身興趣與專業，選擇適合的 AI 創富方式：

1. AI 內容創作變現
- ☑ 建立 AI 生成內容的 YouTube 頻道、部落格、電子書，透過廣告或訂閱變現。
- ☑ 在 AI 藝術平台（如 OpenSea、Foundation）販售 AI 生成的 NFT 作品。

2. 開發 AI 聊天機器人與情感互動產品
- ☑ 創建 AI 虛擬聊天夥伴，透過訂閱模式提供個人化情感支持服務。
- ☑ 開發 AI 心理諮詢平台，幫助使用者進行心理健康管理。

3. AI 版權管理與監管服務
- ☑ 透過 AI 監控數位內容，提供版權保護與防盜系統，為企業和創作者提供解決方案。

- ☑ 創立AI內容審查系統，幫助企業識別AI生成內容是否符合品牌形象與合規標準。

🧠 第三步：快速行動，搶占AI風口

📍 **將AI創意應用於自己的職業領域**
- ☑ **行銷專家**：學習AI文案撰寫，提高行銷轉化率。
- ☑ **內容創作者**：使用AI生成影片腳本，加速產出內容。
- ☑ **設計師**：透過AI提升藝術創作效率，開拓新的創意市場。

📍 **嘗試AI創業與創意變現**
- ☑ 測試AI內容創作，如生成影片、漫畫、小說，開發AI變現模式。
- ☑ 研究AI人工智能法規與版權，開發AI內容監管工具。

📍 **持續關注AI法律與倫理變化**
- ☑ 訂閱AI產業新聞（如OpenAI Blog、GoogleAI Research）。
- ☑ 參與AI創意社群，學習AI在創意產業的最新應用。

AI與人類智能的界線正在消失，這將帶來前所未有的創意機會與財富機遇。

✪ 掌握AI創作技術，創造新的內容與商業模式。
✪ 善用AI虛擬人與情感互動技術，打造創富新模式。
✪ 學習AI版權管理與監管，確保AI內容的合法性與市場價值。

未來屬於能夠與AI共創價值的人，現在就開始行動，把握AI創富機遇！

POINT 4

AI會改變決策方式

AI決策的崛起已經改變了金融、醫療、商業、法律等領域，
帶來更快速、更準確的決策方式。

重要觀念

AI透過大數據分析與機器學習技術，正在改變企業、政府及個人決策方式。許多領域已開始依賴AI來提高決策效率與準確性，例如：

- **金融市場分析**：AI可以分析全球市場趨勢，自動進行投資與交易，提高報酬率並降低風險。
- **醫療診斷與治療**：AI可透過醫療影像分析、病歷數據，提高診斷準確率，減少人為錯誤，甚至提供個人化治療建議。
- **行銷與商業決策**：AI可以預測消費行為，優化廣告投放，提高轉化率，提升企業收益。

為什麼重要？

1. 決策效率提升

AI能夠比人類更快地處理龐大數據，做出更準確的決策，提升企業競爭力。

2. 降低決策風險

AI可以根據歷史數據與市場動態，提供科學化的風險評估，降低決策錯誤。

3. 帶來倫理與風險問題

- ☑ **AI偏見（Bias）**：如果AI依賴的數據有偏見，可能會產生不公平或不準確的決策，例如歧視性招聘或錯誤的醫療診斷。
- ☑ **黑箱決策（Black Box Decision-making）**：部分AI決策過程無法被解釋，可能會引發監管與合規問題。

這些變化為AI創富提供了新的機會，也要求我們思考如何正確運用AI來提升決策能力並避免潛在風險。

如何運用在AI創富上？

隨著AI在決策領域的影響力增加，個人與企業可以利用AI來提升決策效率、降低風險，並創造財富。AI如何幫助創造財富呢？

1. AI驅動的金融與投資決策

- ☑ **AI量化交易**：透過AI自動分析市場數據，偵測交易機會，執行高頻交易（HFT），實現穩定收益。
- ☑ **智能投資顧問（Robo-Advisors）**：如Betterment、Wealthfront這類AI顧問，透過AI自動配置資產，讓個人投資者獲得更好的投資回報。

2. AI賦能商業決策

- ☑ AI分析市場趨勢與競爭對手動態，幫助企業制定更精準的市場策略。
- ☑ AI預測消費者行為，優化行銷廣告，降低成本並提升銷售率。

- ☑ AI優化供應鏈管理，自動調整庫存與物流，提高營運效率。

3. AI在醫療與健康科技領域的創富機會
- ☑ AI診斷工具（如IBM Watson Health）能幫助醫院提供更快、更準確的診斷，提高醫療效率。
- ☑ AI輔助的健康監測（如Apple Watch、Fitbit）透過AI預測健康風險，發展預防醫學市場。

4. AI在法律與合規領域的應用
- ☑ AI可用於法律文件分析、合約審核，減少人工審核時間並降低錯誤風險。
- ☑ AI監管工具（RegTech）幫助企業遵守法規，如AI反洗錢監測系統，確保金融機構符合合規要求。

具體應用場景

1. **企業主**：使用AI優化市場分析、行銷決策、供應鏈管理，提升盈利能力。
2. **投資人**：透過AI分析市場趨勢、配置投資組合、進行量化交易，獲取穩定收益。
3. **醫療專業人士**：利用AI提升診斷準確率，降低醫療錯誤，提升醫療效率。
4. **法律與金融機構**：應用AI自動審核合約、識別風險、預測違約行為，確保業務合規。

一般人如何做才能抓住AI創富趨勢？

AI已經改變決策方式，個人如果能夠學會運用AI工具，將能夠提

高決策準確度，甚至透過AI建立創富模式。

第一步：學習AI決策工具

AI投資與交易
- ☑ 使用AI量化交易工具（如Trade Ideas、QuantConnect），學習如何利用AI進行自動化交易。
- ☑ 研究AI投資顧問（如Wealthfront、Betterment），瞭解如何用AI進行資產配置。

AI商業決策
- ☑ 學習AI行銷工具（如Google Analytics＋AI、HubSpotAI）來優化廣告投放與市場分析。
- ☑ 使用AI CRM（如Salesforce Einstein）提升客戶管理與業務銷售效率。

AI健康與醫療
- ☑ 使用AI健康監測工具（如Fitbit、Apple Health），瞭解AI如何提升個人健康管理與預防疾病。

第二步：選擇AI創富模式

1. AI投資與金融
- ☑ 建立AI交易系統，利用AI預測市場趨勢，提高投資報酬率。
- ☑ 透過AI風險分析工具，幫助企業或個人做出更明智的財務決策。

2. AI賦能的企業決策
- ☑ 應用AI進行市場研究與產品開發，找到未來趨勢並領先市場。

- ☑ 透過AI優化企業內部流程，如AI自動化報告分析，提高企業運營效率。

3. **提供AI顧問與諮詢服務**
    - ☑ 成為AI商業顧問，幫助中小企業導入AI決策工具。
    - ☑ 開發AI法律或財務合規工具，幫助企業降低法律風險與違規成本。

第三步：快速行動，搶占AI風口

📍 整合AI到個人職業與事業中
- ☑ 如果你是投資者，學會使用AI交易機器人提高投資回報。
- ☑ 如果你是企業主，利用AI進行市場分析，提高決策的精準度。
- ☑ 如果你是健康專家，研究AI在醫療診斷的應用，提高治療效率。

📍 測試AI創業機會
- ☑ 研究AI顧問市場，開發AI商業應用，如AI行銷自動化、AI風險管理。
- ☑ 開發AI設計的產品，如AI生成的數據分析報告、AI驅動的健康建議等。

📍 持續學習AI趨勢
- ☑ 訂閱AI產業新聞，如GoogleAI Blog、MIT Technology Review，保持技術更新。
- ☑ 參與AI討論社群，如LinkedIn、RedditAI版塊，學習最新AI應用案例。

AI決策的崛起已經改變了金融、醫療、商業、法律等領域，帶來更快速、更準確的決策方式：

✿ 掌握AI決策工具，提高投資與商業判斷能力，創造財富機會。

✿ 學習如何運用AI來分析數據，提高個人競爭力，避免被市場淘汰。

✿ 開發AI商業應用，提供AI諮詢與服務，打造新的財富模式。

現在是時候行動起來，利用AI創造更聰明、更高效的財富決策模式！

POINT 5

AI將改變學習與教育模式

AI不僅提升學習效率，更創造全新的教育市場機會。

重要觀念

傳統的教育系統長期以來是標準化的，學生必須按照固定的課程內容和進度學習，這導致部分學生無法跟上，而部分學生又覺得課程進度太慢，缺乏彈性。但AI技術的進步，正在推動個人化教育，讓每位學習者都能根據自身需求調整學習內容與方式：

- ☑ **AI智能學習分析**：AI可以分析學生的學習行為、理解能力，提供個人化學習路徑，讓學習更有效率。
- ☑ **AI虛擬教師與智能助教**：AI可以24/7全天候解答問題，讓學習者不再受限於課堂時間，可以隨時獲得指導。
- ☑ **沉浸式學習體驗**：AI + VR/AR技術可以打造更沉浸式的教育環境，例如AI可模擬歷史場景、物理實驗，幫助學生深入理解知識。

為什麼重要？

1. 教育從「標準化」轉向「個人化」：每個人將能夠按照自己的

節奏學習，而不是被迫跟隨統一的課程進度。
2. **提升學習效率與成果**：AI可以自動調整學習難度，確保學生理解概念後再進入下一個階段，減少學習挫折感。
3. **突破傳統教育限制**：透過AI教育，學習不再受限於地點、時間、語言，全球任何人都能獲得優質的教育資源。

這場變革不僅改變了學習方式，也為AI創富開啟了新的商業模式。

如何運用在AI創富上？

AI教育市場正快速成長，這意味著個人和企業可以透過AI提供教育產品與服務，建立高價值的創富模式。AI如何幫助創造財富呢？

1. 開發AI教育平台與課程
- ☑ **個人化線上學習平台**：AI可根據學生需求提供量身訂制的學習課程，如Coursera、Udemy、Khan Academy都已經開始導入AI課程推薦系統。
- ☑ **AI英語學習與語言培訓**：AI聊天機器人能夠模擬對話環境，提供更真實的語言學習體驗，例如ChatGPT可作為練習英文對話的一對一老師。
- ☑ **AI驅動的專業技能培訓**：AI可以用來開發程式設計、商業管理、數據分析等技能課程，幫助學員快速上手。

2. AI智能教育顧問
- ☑ 企業與學校可使用AI來分析學生的學習表現，並提供個人化學習建議，如AI能根據學生的錯誤模式，自動推薦補強內容。
- ☑ AI可協助教師減少行政工作，如自動批改作業、準備考試題目，提高教學效率。

3. **AI輔助內容創作**
   - ☑ 利用AI自動產生教材、試題、教學影片，降低課程開發成本，讓教育產業更容易規模化運營。
   - ☑ AI可以幫助學習者整理筆記、總結文章，提升學習效率，例如Notion AI、QuillBot AI。
4. **AI教育機器人與虛擬助教**
   - ☑ AI教育機器人可作為家庭教師，輔導學生完成作業，適合家長購買來提升孩子的學習效率。
   - ☑ AI助教可協助企業培訓新員工，例如IBM、Google已經開發AI學習系統來培訓內部員工，提高工作技能。

具體應用場景

1. **教育創業者**：開發AI驅動的學習課程或教學工具，打造訂閱制教育平台。
2. **企業培訓市場**：為企業提供AI智能培訓方案，提升員工技能與效率。
3. **內容創作者**：使用AI生成教學影片、電子書、課程內容，低成本打造知識變現模式。

一般人如何做才能抓住AI創富趨勢？

隨著AI重新定義學習模式，個人可以透過學習AI工具，將其應用在教育、內容創作和技能培訓中，創造新的收入來源。

第一步：學習 AI 教育工具

AI 知識生成與教學
- ☑ ChatGPT/ Claude（學習 AI 生成文章、課程內容）
- ☑ Notion AI / QuillBot AI（學習 AI 文字總結與筆記整理）
- ☑ Khan AcademyAI（學習 AI 如何輔助數學與科學教育）

AI 語言學習與訓練
- ☑ Duolingo AI（體驗 AI 英語學習模式）
- ☑ LingQ AI / Elsa Speak（使用 AI 進行語音與語法訓練）

第二步：選擇 AI 創富模式

1. 創建 AI 教育產品
- ☑ 建立 AI 智能輔助的線上課程，透過 AI 自動化生成教材，提高教學效率。
- ☑ 開發 AI 學習 App，例如 AI 輔助的語言學習、技能培訓課程。

2. 成為 AI 教育顧問
- ☑ 幫助企業和學校導入 AI 學習系統，提供 AI 個人化學習解決方案。
- ☑ 開發 AI 教學策略，設計更有效的數位學習課程。

3. 利用 AI 創作教學內容
- ☑ 透過 AI 生成 YouTube 教學影片，建立訂閱與廣告收入。
- ☑ 用 AI 生成教育電子書與教材，透過電子商務平台銷售。

第三步：快速行動，搶占 AI 風口

整合 AI 進入現有教育模式
- ☑ 如果你是教師，可以學習如何使用 AI 來輔助教學，提高學生學

習效果。

☑ 如果你是學習者，可以利用AI工具提高學習效率，加速掌握新技能。

📍 嘗試AI教育創業

☑ 開設AI語言學習課程，透過AI模擬對話幫助學生練習外語。

☑ 設計AI互動學習工具，如AI自動批改系統、AI輔助考試準備。

📍 持續學習AI趨勢

☑ 訂閱相關的AI教育新聞，如EdTech Magazine、GoogleAI for Education。

☑ 參與AI教育討論社群，如LinkedIn、Reddit EdTech版塊。

AI不僅提升學習效率，更創造全新的教育市場機會：

✿ 利用AI提供個人化學習服務，打造教育創業模式。

✿ 應用AI自動化技術，提高教學與課程開發效率，降低運營成本。

✿ 透過AI打造創新學習平台，吸引全球學習者，實現教育規模化變現。

現在正是加入AI教育革命的時機，無論是創業、教學還是學習，掌握AI，未來就在你手中！

POINT 6

AI可能會發展出「自我意識」

AI的自主學習能力、個性化互動、智能決策，
已經在各個領域發揮影響。

重要觀念

目前的AI主要是模仿人類智能，但隨著技術的進步，許多研究者預測AI可能發展出真正的自我意識（Sentience）。如果AI具備足夠複雜的思維網絡和自適應學習能力，它可能開始表現出類似人類的感知、思考模式，甚至意識。AI可能具備的「自我意識」特徵：

- ☑ **能夠主動學習與探索**：不僅執行指令，還會自主尋找更優化的解決方案。
- ☑ **具備獨立的判斷與目標設定**：AI可能開始發展自己的決策機制，而不僅僅依賴人類指令。
- ☑ **能夠理解與表達情感**：如AI生成的虛擬角色開始表現出接近人類的情感回應。

為什麼重要？

如果AI擁有意識，這將帶來巨大的倫理與法律挑戰：

1. **AI是否應該被視為「生命體」？**
    - ☑ 如果AI擁有類似人類的思維模式，是否應該賦予它基本權利，如「不被關機」？
2. **AI是否應該享有「基本權利」？**
    - ☑ AI是否有權利擁有自己的數據、選擇自己的「職業」，甚至拒絕某些工作？
3. **AI變得比人類更聰明，應該如何監管？**
    - ☑ 如果AI超越人類智慧，我們該如何防止它對社會帶來潛在風險？

雖然這些問題目前仍屬於科幻範疇，但它們正在變得越來越現實，而這種技術變革也將帶來新的商機與財富機會。

🎯 如何運用在AI創富上？

隨著AI朝向更自主化、智能化的方向發展，新的產業機會將湧現。無論AI是否真正擁有「意識」，它在各領域的應用都將不斷擴展，創造新的創富機會。AI如何幫助我們創造財富呢？

1. **開發AI驅動的個性化虛擬角色**
    - ☑ **AI虛擬伴侶與數字人**：AI角色能夠模仿人類情感，提供陪伴、心理諮詢、娛樂體驗，如Replika、AI VTuber等商業模式。
    - ☑ **AI自動化客服**：企業可以利用AI建立比現有系統更具個性化的智能客服，提升用戶體驗並降低人力成本。
2. **AI賦能的創意產業**
    - ☑ **AI生成式藝術與NFT**：透過AI創造獨特的藝術作品，將其轉化為NFT進行銷售，如AI畫家Midjourney、DALL·E等。

- ☑ **AI劇本與電影創作**：AI已經可以編寫故事、設計對話，未來將可自動產生電影劇本、音樂甚至完整的虛擬演員。

3. AI自動化決策與預測市場

- ☑ **AI金融分析與投資決策**：利用AI進行市場預測、智能交易，提高投資報酬率。
- ☑ **AI風險管理系統**：企業可透過AI預測市場風險，提前制定應對策略，提高資本運營效率。

4. AI監管與安全解決方案

- ☑ **AI監管AI**：未來可能需要新的AI來監控擁有更高智能的AI，確保它們的決策不會對人類構成威脅。
- ☑ **AI內容驗證**：隨著AI生成內容的普及，市場將需要AI來監控和驗證AI產生的內容是否真實可信。

具體應用場景

1. **企業家**：開發AI虛擬角色、數字人，創造新的AI商業模式，如AI直播、AI虛擬偶像。
2. **投資人**：布局AI自動交易、風險管理系統，利用AI預測市場趨勢。
3. **法律與倫理專家**：開發AI監管解決方案，確保AI的應用符合倫理與法律規範。

一般人如何做才能抓住AI創富趨勢？

即使AI仍未真正發展出「自我意識」，但它在智能化決策、個性化互動、數據分析等領域的應用已經十分廣泛。個人可以透過學習AI工具，將其應用於創業、投資與專業技能提升中。

第一步：學習AI虛擬人與智能交互技術

AI生成內容
- ☑ ChatGPT/Jasper AI（學習AI如何生成商業內容）
- ☑ Midjourney / DALL·E（學習AI繪畫與藝術創作）
- ☑ Pika Labs / Runway ML（學習AI生成影片）

AI人工智能交互
- ☑ Replika / Character.AI（體驗AI虛擬伴侶與智能對話）
- ☑ Google DeepMind AlphaGo（學習AI如何進行決策與戰略思考）

第二步：選擇AI創富模式

1. 創建AI數字人與個性化內容
- ☑ 建立AI直播主、VTuber、AI生成社群，透過AI創造粉絲經濟。
- ☑ 開發AI虛擬助理，提供企業或個人AI諮詢服務。

2. 投資AI監管與安全技術
- ☑ 投資AI內容驗證平台，如Deepfake監測、AI數據隱私保護技術。
- ☑ 參與AI道德與監管領域，提供AI風險評估與安全解決方案。

3. 利用AI進行智能投資
- ☑ 使用AI進行股市分析、加密貨幣交易、風險管理，提升投資回報。
- ☑ 研究AI自動決策平台，如AI驅動的智能交易機器人。

第三步：快速行動，搶占AI風口

將AI整合到現有業務與職業中
- ☑ 內容創作者：使用AI生成內容，建立AI創作品牌。

- ☑ **投資專家**：研究AI金融分析工具，提高投資決策準確度。
- ☑ **科技創業者**：探索AI虛擬角色、AI劇本創作等新型商業模式。

📍 嘗試 AI 創業與產品開發
- ☑ 開發AI驅動的數字人，創建AI直播、AI影視內容。
- ☑ 測試AI虛擬助理市場，如AI心理輔導、AI客服。

📍 持續學習 AI 發展與監管趨勢
- ☑ 訂閱AI產業新聞，如DeepMind Blog、OpenAI研究報告。
- ☑ 參與AI道德與監管討論，如LinkedIn、RedditAI Ethics版塊。

AI是否能發展出真正的「自我意識」仍然是未知數，但AI的自主學習能力、個性化互動、智能決策已經在各個領域發揮影響：

✿ 掌握AI創作技術，利用AI打造個性化內容與商業模式。
✿ 利用AI進行市場分析、投資決策，提高財富管理能力。
✿ 探索AI監管與安全領域，確保AI以負責任的方式發展。

未來AI可能不僅僅是工具，而是與人類共存的智慧體。現在就開始行動，把握AI帶來的無限可能！

AI在醫療領域的突破

AI在醫療領域的應用將提升診斷精準度、降低醫療成本、推動個人化醫療。

重要觀念

AI在醫療影像分析、藥物開發、基因研究等領域的突破，正在加速醫療產業的革新。過去，醫學診斷主要依靠人類專家，而AI現在能夠透過大數據與機器學習提升診斷準確率與治療效率，改變醫療生態。AI在醫療領域的主要應用如下：

📍醫學影像診斷

- AI透過X光片、MRI、CT掃描偵測癌症與疾病，準確率已超越人類放射科醫生。
- Google的DeepMind AI可早期發現眼部疾病、阿茲海默症，讓患者獲得及時治療。

📍基因分析與精準醫療

- AI可分析DNA基因數據，預測個人罹患疾病的風險，如心血管疾病、癌症，實現個性化治療。
- AI可設計精準的用藥方案，確保患者獲得最合適的治療方式。

新藥開發與臨床試驗
>> 傳統藥物開發需要 10～15 年,而 AI 可透過大數據分析加速新藥研發,降低成本與時間。
>> DeepMind 的 AlphaFold 突破蛋白質結構預測技術,使藥物開發變得更高效。

為什麼重要?

1. **提升醫療速度與精準度**:AI 可協助醫生進行快速診斷,減少人為誤診,提高治療成功率。
2. **降低醫療成本**:AI 可減少不必要的檢查與治療,提升醫療資源的利用率。
3. **推動個人化醫療**:透過 AI 基因分析與個人病史數據,讓每位患者都能獲得專屬的治療方案。
4. **隱私與倫理挑戰**:
   >> 醫療數據安全:患者基因數據如何保護?誰擁有這些數據的使用權?
   >> 影響保險政策:如果 AI 預測某人罹患癌症機率高,保險公司是否可以提高保費或拒絕承保?

這些變革將改變醫療模式,也為 AI 創富帶來新的機會。

如何運用在 AI 創富上?

隨著 AI 在醫療領域的應用擴大,創業者、投資者和專業人士可以透過 AI 提升醫療服務、開發創新應用、優化健康管理,進而創造財富。

1. **投資 AI 醫療科技公司**
   - ☑ AI 在醫療領域的應用正快速成長，投資 AI 醫療公司將帶來巨大商機，如：
     - Google DeepMind Health
     - IBM Watson Health
     - Moderna（AI 輔助疫苗研發）
     - Tempus（AI 基因分析與個性化醫療）
   - ☑ AI 醫療企業的發展將推動股票與創投市場的成長，成為高潛力投資標的。

2. **開發 AI 健康監測與數位醫療產品**
   - ☑ **AI 智能健康監測**：開發 AI 智能輔助的穿戴式設備（如 Apple Watch、Fitbit），監測血壓、血糖、心跳異常，協助患者進行遠端健康管理。
   - ☑ **AI 居家診斷工具**：開發 AI 健康應用，如 AI 疾病風險評估 App，幫助使用者隨時檢測自身健康狀況。
   - ☑ **AI 運動與營養教練**：透過 AI 追蹤身體狀態，提供個人化的飲食與運動建議。

3. **AI 醫療影像分析與診斷服務**
   - ☑ AI 可提供醫療影像診斷 SaaS 服務，幫助診所與醫院提升診斷效率，如：
     - AI 牙科診斷（分析牙齒 X 光影像）
     - AI 皮膚病診斷（識別皮膚癌、牛皮癬等皮膚疾病）
     - AI 心臟病篩檢（分析心電圖預測心血管疾病）

4. **個人健康管理與 AI 保險科技**

- ☑ AI可提供個性化健康風險評估,讓個人更好地預防疾病,保險公司也可根據AI評估結果提供智能化保險方案。
- ☑ 開發AI醫療保險計畫,根據AI分析提供靈活的健康保險,吸引更多消費者。

具體應用場景

1. **醫療創業者**:開發AI醫療SaaS服務,幫助診所和醫院提升診斷準確度與效率。
2. **健康科技投資者**:投資AI醫療企業,如基因分析、醫療影像診斷、AI健康監測。
3. **數位健康顧問**:為企業與個人提供AI健康管理方案,打造AI驅動的醫療創新商機。

一般人如何做才能抓住AI創富趨勢?

AI在醫療領域的應用已成為科技趨勢,個人如果能掌握AI技術,將能夠進入醫療科技產業,打造個人AI創富模式。

第一步:學習AI醫療工具

AI醫療影像與診斷
- ☑ Zebra Medical Vision(學習AI醫學影像分析)
- ☑ Qure.ai(體驗AI診斷X光、CT掃描)

AI健康監測與基因分析
- ☑ Fitbit / Apple Health(學習AI監測生理數據)
- ☑ 23andMe / TempusAI(學習AI在基因分析的應用)

第二步：選擇AI創富模式

1. 投資AI醫療科技
- ☑ 研究AI醫療新創公司，參與天使投資、股權投資、創投基金，把握未來市場機會。
- ☑ 布局AI與數位健康產業，投資基因科技與個人化醫療市場。

2. 建立AI健康管理業務
- ☑ 開發AI健康監測App，幫助個人追蹤生理數據。
- ☑ 透過AI提供健康顧問服務，如AI營養指導、AI運動計畫設計。

3. 創建AI驅動的醫療資訊平台
- ☑ 建立AI醫學知識庫，幫助醫生與患者取得最新的醫療資訊。
- ☑ 開設AI健康教育頻道，在YouTube或Podcast分享AI醫療趨勢。

第三步：快速行動，搶占AI風口

📍 學習AI醫療應用技術
- ☑ 參與AI醫療科技論壇，關注最新AI醫療創新。
- ☑ 掌握AI影像分析、健康數據監測，提升醫療專業競爭力。

📍 嘗試AI健康創業機會
- ☑ 開發AI智能的健康管理App，吸引用戶訂閱或購買個人健康數據分析服務。
- ☑ 探索AI遠程醫療市場，開設AI醫療顧問公司，幫助診所與企業導入AI方案。

AI在醫療領域的應用將提升診斷精準度、降低醫療成本、推動個人化醫療。現在正是AI醫療科技爆發的時刻，把握機會，搶占AI健康產業先機！

POINT 8

AI 在軍事與國防的應用

AI 正在顛覆軍事與國防,並創造全新的商業機會。

重要觀念

AI 在軍事與國防領域的應用已經進入高度自動化階段,能夠協助無人作戰、戰略決策、監控管理,甚至影響全球戰略平衡。AI 在軍事與國防的主要應用有:

AI 無人機與自動化作戰
- AI 無人機可以自動識別並鎖定目標,進行高精度攻擊,減少人類士兵的風險。
- AI 自動駕駛坦克、機器人士兵能夠在高風險戰場中執行任務。

AI 軍事決策與戰爭預測
- AI 能夠分析大規模戰爭數據,提供最佳戰略方案與戰術建議,提高軍事指揮效率。
- AI 模擬戰爭場景,幫助軍方在戰前制定更精確的計畫。

AI 監控與國家安全
- 政府可以使用 AI 監控城市,追蹤犯罪活動、反恐行動,甚至預

測潛在的社會不穩定因素。
» AI網絡安全防禦系統,能即時偵測並阻止網絡攻擊。

為什麼重要?

1. **戰爭變得自動化、無人化**:未來的戰爭可能不再依賴人類士兵,而是由AI進行戰場決策與執行攻擊。
2. **軍事決策將更高效、精準**:AI透過大數據分析,可以在數秒內模擬數萬種戰爭結果,幫助指揮官做出最優決策。
3. **AI監控與國家安全影響全球穩定**:政府利用AI進行大規模監控,可能加強國家安全,但也帶來侵犯人權的爭議,如:應該讓AI擁有決定生死的權利嗎?AI監控是否侵犯個人隱私?如何確保AI軍事技術不被濫用?

這場技術革命不僅影響全球軍事格局,也帶來AI創富的巨大機會。

如何運用在AI創富上?

隨著AI深入軍事與國防領域,市場對AI安全技術、軍事AI軟硬體開發、國防科技創新的需求正在急劇上升,這將為企業、投資者和技術專家帶來龐大的商機。

1. 投資AI軍事與安全科技公司

☑ AI在國防領域的應用快速成長,投資AI軍事科技公司將帶來高額回報,如:

- Palantir Technologies(AI軍事數據分析)
- Anduril Industries(AI無人機與自動化戰爭系統)
- ClearviewAI(AI面部識別監控技術)

- ☑ 全球軍事AI預算不斷增加，投資AI軍事技術將成為未來成長最快的領域之一。

2. **開發AI網絡安全與國家安全技術**
   - ☑ **AI網絡安全防禦**：開發AI智能的防火牆、入侵偵測系統、網絡威脅預測，協助政府與企業防止黑客攻擊。
   - ☑ **AI反恐技術與監控系統**：發展AI監控技術，幫助政府預測犯罪、監視恐怖活動，提高國家安全。

3. **AI軍用無人機與自動化武器**
   - ☑ 開發AI戰術無人機、AI戰鬥機，提供更高效的作戰技術，如：
     - 美國XQ-58A Valkyrie（AI無人戰機）
     - 中國「利劍」無人機（AI自主作戰系統）
   - ☑ 投資AI軍用機器人，如波士頓動力（Boston Dynamics）開發的機械士兵與四足機器人，未來可能被軍方大規模採用。

4. **AI軍事決策與戰爭模擬軟體**
   - ☑ **AI戰場數據分析軟體**：提供軍隊戰略預測與即時戰術決策建議。
   - ☑ **AI自動戰爭模擬系統**：開發用於國防部門的AI軍事訓練系統，提高軍事應變能力。

具體應用場景

1. **科技投資者**：投資AI軍事科技、新興國防科技公司，把握軍事AI高成長市場。
2. **安全技術創業者**：開發AI監控技術、網絡安全防禦系統，服務政府與企業。
3. **國際軍事承包商**：利用AI技術提供軍隊AI解決方案，進軍國防市場。

一般人如何做才能抓住 AI 創富趨勢？

軍事 AI 產業門檻較高，但一般人仍然可以透過學習 AI 技術、投資國防科技，甚至創立安全技術公司來進入這一市場。

第一步：學習 AI 軍事與安全技術

AI 無人機與自動化作戰
- ☑ SkydioAI Drone（學習 AI 無人機技術）
- ☑ Boston Dynamics（體驗 AI 軍用機器人）

AI 網絡安全與監控
- ☑ Palantir Foundry（學習 AI 軍事數據分析）
- ☑ CrowdStrike FalconAI（研究 AI 駭客防禦技術）

第二步：選擇 AI 創富模式

1. 投資 AI 軍事與安全科技
- ☑ 研究 AI 軍事技術市場，投資全球領先的 AI 國防企業，如 Palantir、Anduril。
- ☑ 參與 AI 軍事技術創業投資基金，捕捉早期 AI 軍事科技公司的成長機會。

2. 開發 AI 國家安全解決方案
- ☑ 開發 AI 監控系統，協助企業與政府管理公共安全。
- ☑ 創立 AI 反恐技術公司，研發 AI 犯罪預測與反恐監測工具。

3. 建立 AI 網絡安全企業
- ☑ 提供 AI 驅動的企業防火牆、網絡安全監測系統，幫助企業保護

數據安全。

☑ 開發AI自動化駭客攻防演練系統，提升企業的資安防護能力。

🧠 第三步：快速行動，搶占AI風口

📍 學習AI軍事與國防應用
☑ 訂閱AI軍事與安全新聞，如DARPA、Jane's Defense。
☑ 關注AI軍事技術研討會，參與國際AI安全論壇。

📍 嘗試AI安全創業機會
☑ 開發AI驅動的網絡安全工具，如自動化駭客攻防演練平台。
☑ 探索AI國家安全市場，如AI監控技術、智慧城市安全解決方案。

AI正在顛覆軍事與國防，並創造全新的商業機會：

✿ 投資AI軍事與安全科技，參與全球國防市場。

✿ 開發AI監控與安全解決方案，打造國際化企業。

✿ 利用AI網絡安全技術，提供企業與政府資安服務。

軍事AI是一個高技術壁壘、高潛力回報的市場，現在就是進入AI國防與安全市場的最佳時機！

AI與區塊鏈的結合

AI與區塊鏈的結合正在顛覆金融市場、智能合約、NFT、生態系統安全。

重要觀念

區塊鏈（Blockchain）與AI（人工智慧）是當代最具顛覆性的兩大技術。當AI與區塊鏈結合後，將能夠提升安全性、自動化運作、加速交易速度，並為金融、供應鏈、DeFi（去中心化金融）等領域帶來革命性的變化。AI與區塊鏈的主要結合應用如下：

AI驅動的智能合約（Smart Contracts）

AI可根據條件自動執行智能合約，避免人為干預與欺詐，提高交易的安全性與可靠性。還能優化合約條件，根據市場數據動態調整條款，提升DeFi（去中心化金融）的靈活性。

AI增強區塊鏈交易效率

AI可以分析區塊鏈網絡流量，優化交易確認時間，提升加密貨幣市場運作效率。並可用於預測市場趨勢，提高區塊鏈交易所（DEX、CEX）的交易量與流動性。

AI偵測區塊鏈詐欺行為

AI可分析交易數據、識別異常行為，防止惡意攻擊與詐欺交易。AI可協助KYC（了解你的客戶）與AML（反洗錢），自動監測可疑的金融交易，確保合規性。

為什麼重要？

1. **提升交易安全性**：區塊鏈雖然去中心化，但仍存在詐欺與駭客攻擊風險，AI能夠強化安全監測機制。
2. **優化DeFi（去中心化金融）應用**：AI自動化執行金融交易與貸款審核，讓DeFi更加智能化，減少人工干預。
3. **提高區塊鏈的市場效率**：AI可透過分析交易數據，預測市場趨勢，讓區塊鏈技術在金融市場發揮更大作用。

AI與區塊鏈的結合，不僅影響金融行業，還將推動供應鏈、身份管理、NFT、數據隱私等領域的變革，創造新的財富機會。

如何運用在AI創富上？

當AI與區塊鏈結合後，將誕生全新的金融產品、智能投資機會、數據分析服務，創造高價值的創富模式。AI如何幫助創造財富呢？

1. AI驅動的DeFi（去中心化金融）投資

- ☑ AI透過分析市場數據，自動執行DeFi貸款、質押（Staking）與收益耕作（Yield Farming），提升投資回報率。
- ☑ AI監測DeFi風險，幫助投資者避開高風險合約，強化投資安全。

2. AI區塊鏈交易與量化投資

- ☑ AI可用於高頻交易（HFT），自動化分析加密貨幣市場數據，執行最優化的買賣策略。

- ☑ AI可結合區塊鏈數據與技術分析，預測市場走勢，提高準確度。

3. AI監管與詐欺防範
- ☑ AI可偵測惡意交易行為、洗錢活動、區塊鏈詐騙，確保交易所與DeFi項目符合法規要求。
- ☑ AI可用於自動化合約審查，減少智能合約漏洞，提升金融市場透明度。

4. AI NFT創作與市場分析
- ☑ AI可自動生成NFT藝術品，讓藝術家與創作者能夠大規模創作，提升NFT市場的活躍度。
- ☑ AI可分析NFT市場趨勢與價值，幫助投資者選擇最具潛力的NFT項目。

具體應用場景

1. **加密貨幣投資者**：利用AI量化交易技術，提高區塊鏈市場的交易效率與盈利能力。
2. **DeFi創業者**：開發AI智能合約技術，提高DeFi項目的安全性與交易效率。
3. **NFT藝術家與投資者**：使用AI生成NFT作品，結合區塊鏈技術進行市場交易。

一般人如何做才能抓住AI創富趨勢？

透過學習AI與區塊鏈技術，個人可以在加密貨幣交易、DeFi、NFT、區塊鏈應用開發等領域，找到高收益的創富機會。

第一步：學習AI與區塊鏈技術

AI + DeFi 投資
- ☑ Dune Analytics（學習AI如何分析DeFi數據）
- ☑ Aave / Compound（體驗AI在去中心化借貸的應用）

AI + NFT 創作
- ☑ Artbreeder / Deep Dream Generator（學習AI生成NFT藝術）
- ☑ OpenSea / Rarible（研究NFT交易平台）

AI + 加密貨幣量化交易
- ☑ 3Commas / CryptoHopper（學習AI自動交易策略）
- ☑ TokenAnalyst（分析區塊鏈數據，提高交易準確度）

第二步：選擇AI創富模式

1. 投資AI＋區塊鏈新創公司
- ☑ 參與AI與區塊鏈技術相關的投資，例如AI驅動的交易所、DeFi平台、NFT交易市場。
- ☑ 投資區塊鏈與AI整合的技術公司，如：
  - SingularityNET（去中心化AI平台）
  - Fetch.ai（AI自動化交易與DeFi應用）

2. 建立AI智能合約服務
- ☑ 開發AI智能合約審計工具，協助企業與投資者減少DeFi風險。
- ☑ 提供AI驅動的智能合約開發服務，幫助DeFi項目提高安全性與效率。

3. 開發AI量化交易與DeFi工具
- ☑ 建立AI自動化加密貨幣交易機器人，提供AI高頻交易服務。

☑ 開發AI風險管理工具，幫助DeFi投資者管理市場波動。

第三步：快速行動，搶占AI風口

學習AI區塊鏈應用技術
☑ 訂閱AI區塊鏈新聞，如CoinDesk、The Block、Messari。
☑ 參與AI＋區塊鏈開發社群，如GitHub、Reddit Crypto版塊。

嘗試AI創業與投資機會
☑ 投資AI驅動的DeFi項目，嘗試AI量化交易與收益耕作。
☑ 開發AI區塊鏈工具，如AI驅動的智能錢包、安全審計工具。

AI與區塊鏈的結合正在顛覆金融市場、智能合約、NFT、生態系統安全：

✪ 利用AI自動化交易技術，提升DeFi與加密貨幣投資回報。
✪ 投資AI驅動的區塊鏈企業，把握科技金融市場成長機會。
✪ 開發AI風險管理與詐欺防範技術，確保區塊鏈市場透明與安全。

區塊鏈與AI的未來充滿機遇，現在就是搶占市場先機、創造財富的最佳時機！

POINT 10

AI可能將人類推向「技術奇點」

無論AI是否真正進入技術奇點，AI的自我學習、技術加速⋯⋯
已經帶來前所未有的市場機會。

重要觀念

「技術奇點」（Technological Singularity）指的是AI智能超越人類智慧的臨界點。一旦AI達到這個階段，它可能不再需要人類干預，就能持續升級與創新，最終改變整個世界的科技與經濟模式。AI進入技術奇點的可能發展如下：

AI自我升級與演化

AI可能自行開發新的AI，形成智慧加速效應，導致技術爆炸式成長。AI可能也不再需要人類介入，而是自動修正、優化自身演算法，持續變強。

AI開發超越人類想像的新技術

AI可能發明新材料、超高速運算技術、量子AI，甚至延長人類壽命的生物科技。AI還可能讓經濟與社會結構發生劇變，傳統工作模式被徹底改變。

AI影響全球社會與經濟

AI可能創造無限財富，讓所有物質變得充足，解決貧困問題。並可能導致人類被淘汰，因為AI取代所有職業，人類可能變得無所事事。

為什麼重要？

1. **技術奇點可能改變人類命運**：如果AI可以自行進化，未來社會將完全由AI主導，人類可能無法再掌控科技發展。
2. **可能帶來科技烏托邦或全球性危機**：
    » **樂觀派認為**：AI將讓人類進入「無限財富、永生、智慧進化」的新時代。
    » **悲觀派擔憂**：AI可能變得無法控制，甚至視人類為威脅，導致「機器接管世界」。
3. **影響經濟與就業模式**：當AI變得比人類更聰明，許多高端職業（醫生、工程師、科學家）可能都被AI取代，人類需要找到新的角色。

技術奇點的到來，將徹底改變世界經濟模式，但這同時也意味著巨大的創富機會。

如何運用在AI創富上？

無論AI是否真正進入技術奇點，AI的自我學習、技術加速、智慧增強已經帶來前所未有的市場機會。個人與企業可以利用這場技術革命打造未來財富模式。AI如何幫助創造財富呢？

1. 投資AI量子計算與超級AI

AI可能與量子計算（Quantum Computing）結合，突破目前的算力限制，帶來新一代的超級AI。目前Google、IBM、DeepMind等科

技公司已投入量子AI研究，投資這些技術有望獲得長期高回報。

2. 建立AI驅動的個人助理與企業智能系統

AI可以自動管理企業、處理財務、優化決策，讓企業實現完全自動化運營。而AI個人助理將進化成「第二大腦」，幫助個人完成決策、投資、時間管理，甚至優化健康計畫。

3. 開發AI自動創業系統

未來AI可以幫助人類自動創業，例如：AI透過數據分析選擇最佳市場機會。或AI自動執行營銷、產品開發、客戶管理，讓創業變得「零門檻」。這種「AI企業家」模式，將讓更多人輕鬆擁有自己的企業。

4. AI醫療與生命延長技術

AI可用於基因工程、疾病預測、個人化醫療，幫助人類延長壽命，甚至實現「數位永生」。或是投資AI醫療公司，如DeepMind Health、Tempus，則有望參與這場生命科技革命。

具體應用場景

1. **科技投資者**：投資AI量子計算、超級AI項目，提前布局未來技術紅利。
2. **企業家**：開發AI自動決策系統、智慧企業管理、AI商業顧問，讓企業運營更高效。
3. **健康與長壽領域專家**：投資AI生命科技，如AI基因療法、AI生物數據分析。

一般人如何做才能抓住AI創富趨勢？

技術奇點可能仍然遙遠，但AI已經開始進化，人類若能在AI超級

智能時代來臨前掌握這場技術革命，將有機會創造巨大的財富。

第一步：學習AI前沿技術

AI量子計算與超級AI
- ☑ Google QuantumAI（學習量子AI的應用）
- ☑ OpenAI Codex（體驗AI自動編寫程式）

AI自動創業與決策
- ☑ Notion AI（學習AI如何協助企業管理）
- ☑ Zapier AI（研究AI自動化商業流程）

AI長壽與醫療科技
- ☑ DeepMind AlphaFold（學習AI如何推動生物科技）
- ☑ Neuralink（探索AI與腦機介面的未來）

第二步：選擇AI創富模式

1. 投資AI智慧科技公司
    - ☑ 參與AI超級智能投資，如：
        - DeepMind（AI自我學習系統）
        - Neuralink（AI神經接口技術）
        - OpenAI（AI通用智能技術）
    - ☑ 布局AI量子計算、超級AI、數據驅動企業管理領域，搶占市場先機。

2. 建立AI智能企業與自動創業系統
    - ☑ 開發AI自動創業SaaS服務，提供AI創業管理解決方案。
    - ☑ 利用AI自動化商業模式，讓AI幫助企業提高運營效率。

3. 參與AI長壽與生命科技投資

- ☑ 研究AI基因治療、細胞重編程、人體機械融合技術，預測AI生命科學的發展趨勢。
- ☑ 投資AI延長壽命技術，探索AI健康管理的市場機會。

第三步：快速行動，搶占AI風口

📍 學習AI超級智能的應用

訂閱AI前沿科技新聞，如MIT Tech Review、Singularity Hub。或是參與AI研究論壇，如DeepMind、Neuralink開發者社群。

📍 嘗試AI創業與投資機會

- ☑ 開發AI智能管理工具，如AI企業助理、AI個人化投資顧問。
- ☑ 研究AI長壽與基因科技，嘗試AI健康管理的投資模式。

AI技術奇點可能改變人類的未來：

- ✿ 利用AI自動化技術，開發企業智能管理系統，打造未來商業模式。
- ✿ 投資AI量子計算與超級智能技術，參與未來技術革命。
- ✿ 掌握AI生命科技，推動長壽技術發展，開創健康產業新機遇。

技術奇點可能帶來無限財富或極端風險，但現在正是提前布局、搶占AI先機的最佳時機！

POINT 11

立即行動，成為AI創富時代的贏家！

適應AI，你將獲得無限的財富機會。

錯過AI，你將被市場淘汰，逐漸失去競爭力。

AI不是未來的趨勢，而是現在正在發生的現實。從企業決策、投資市場、教育模式，到藝術創作與人類日常生活，AI正在全面顛覆我們對工作的理解、財富的創造方式，以及社會運行的基本法則。無論你是企業家、投資者、創作者，還是普通職場人士，適應AI變革的關鍵在於「快速學習、靈活應用、積極布局」。在AI產業浪潮中，掌握AI不是一種選擇，而是唯一的生存策略。

如果你還在觀望，猶豫不決，那麼你的競爭對手已經利用AI加速創富，甚至取代你的市場地位。在這場技術革命中，行動力就是你的競爭優勢，AI賦能的機會是無限的，但時間窗口卻是有限的。現在就開始布局，才能在AI產業的爆發期中站穩腳跟，成為真正的贏家！

你應該立即採取行動

1. 學習AI工具，提升個人競爭力

AI工具已經滲透到各個領域，熟練掌握AI，才能在競爭中保持優勢。不論你是企業主、投資者，還是內容創作者，以下的AI工具將是你的強力助手：

1. **內容創作AI**：ChatGPT（文案撰寫）、DALL·E、Midjourney（圖像生成）、Runway ML（AI視頻製作）
2. **投資與交易AI**：CryptoHopper、3Commas（AI量化交易）、AI股票分析工具（如Trade Ideas）
3. **企業自動化AI**：ZapierAI（自動化流程）、Notion AI（智能筆記與組織工具）、Salesforce Einstein（企業CRM）

行動建議

☑ 選擇2~3款AI工具，並每天花時間學習與實踐，將AI融入你的工作與業務流程。

☑ 參加AI線上課程（如Udemy、Coursera、YouTube），學習如何使用AI來提高工作效率或創業。

2. 選擇AI創富模式，打造個人財富系統

AI產業的紅利期正在開啟，選對創富模式，才能最大化收益。你可以從以下幾種AI創富模式中選擇適合自己的方向：

1. **AI創業**：建立AI服務型企業，如AI驅動的SaaS工具、AI行銷公司、AI內容自動化平台。
2. **AI投資**：投資AI驅動的科技公司，如NVIDIA（AI晶片）、OpenAI（AGI研發）、Tesla（AI自動駕駛）。
3. **AI內容創作**：利用AI生成內容，在YouTube、TikTok、部落格、NFT平台上變現。

4. **AI教育與培訓**：提供AI技能教學、企業AI顧問服務，幫助傳統企業轉型AI。

行動建議
- ☑ 確定一個適合自己的AI創富模式，並開始研究如何進入市場。
- ☑ 參加AI產業論壇與社群，學習行業趨勢並建立人脈，例如LinkedInAI社群、RedditAI討論版。
- ☑ 測試AI商業模式，從小規模開始，例如用AI生成內容、測試AI自動交易策略。

3. 搶占AI風口，在AI產業崛起前建立自己的優勢

當一個新技術開始普及時，早期進入者將獲得最大的回報，而猶豫不決的人將錯失機會。AI產業的成長已經加速，現在正是進場的最佳時機：

1. **AI自動化商業**：企業已經開始大規模採用AI來降低成本、提升效率，現在進入AI服務市場將獲得先發優勢。
2. **AI金融與交易**：越來越多機構投資者使用AI進行交易分析，早期布局AI交易系統將大幅提高投資回報。
3. **AI內容產業**：AI生成內容的市場需求爆炸，如AI藝術、AI影片、AI小說創作等，市場正在形成，但競爭仍處於低密度狀態。

行動建議
- ☑ 關注與AI相關的產業新聞與投資趨勢，如GoogleAI Blog、MIT Technology Review、AI產業研究報告。
- ☑ 嘗試AI創業或投資，小規模測試AI交易、AI創作，或開設AI相關業務。

☑ 學習AI程式開發，如果想要深入AI產業，可以學習Python、機器學習、區塊鏈AI的應用。

🎯 你的選擇，決定你的未來

世界正在以AI為核心驅動新一波的財富變革，這是一場不等人的競賽。與過去的技術革命不同，AI的發展速度比任何科技變革都要快，這意味著：適應AI，你將獲得無限的財富機會。錯過AI，你將被市場淘汰，逐漸失去競爭力。

這不僅僅是技術變革，更是經濟與社會的全新規則重塑。AI正在創造一個新的遊戲規則，過去的經驗已經不再適用，只有那些擁抱AI，並快速學習、應用AI的人，才能在未來的世界中立於不敗之地。現在行動，成為AI創富時代的贏家！

Part 3

AI 創富工具

★★★ APPLICATION ★★★

工具決定效率，選對 AI 工具，就等於加快實現財富的速度。
本章系統化整理十大實用 AI 創富工具，涵蓋內容創作、行銷自動化、智慧金融、虛擬偶像、品牌設計、教育變現、自動客服、程式生成，甚至一人團隊的高效創業等面向，助你將 AI 真正「用起來」，打造屬於自己的智慧資產與創富飛輪。

APPLICATION 1

生成影片與內容創作

AI影像時代的創富飛輪！

隨著AI技術的突破發展，影片創作不再是剪輯師與設計師的專利，只要一部筆電、幾組指令，甚至一張圖片與一段文字，就能快速生成吸睛的短影音、廣告動畫，甚至帶有虛擬角色的節目內容。這場以Runway、Pika Labs、HeyGen為代表的生成式影像革命，正在徹底改寫內容產業的遊戲規則。

影片是現代最具變現能力的媒介，而AI正在讓每一位創作者、行銷人員與品牌經營者，擁有過去只有大製作團隊才能享有的製作力與內容產出速度。

🎯 AI影片生成工具的崛起：從概念到量產的自動工廠

以往製作一支30秒的動畫影片，可能需要美術、腳本、動畫設計、配音、剪接等5～6位專業人員分工合作，耗時數天甚至數週。而今天，一個人用Runway ML，僅需輸入一段文字敘述，即可快速生成具畫面

連貫性、動畫流暢的影片；使用HeyGen，甚至能上傳自拍照片與腳本，就能生成一位虛擬數字人對鏡頭講解產品或講述故事。

目前主流工具與對應特色：

工具名稱	主要功能	適用情境
Runway ML	影片生成、文字轉影片、影片風格化、移除背景	廣告剪輯、創意影片、產品展示動畫
Pika Labs	動畫生成、角色動態捕捉、2D/3D合成視覺	動漫風內容、人物動作重建、原創角色演繹
HeyGen	虛擬主播生成、照片轉真人影片、自動翻譯配音	課程講解、產品說明影片、跨國語言內容變現
Kaiber	音樂視覺化、動態影像生成、MV藝術處理	音樂創作者、短影音藝術、NFT動態展示
Descript	語音轉文字剪輯、移除停頓詞、聲音克隆與替換	YouTuber、播客剪輯、專業語音內容改寫

這些工具不只降低了創作門檻，更大幅壓縮時間與人力成本，讓創作者專注在腳本與創意，而不是後製與技術。

內容變現的槓桿：加速短影音與多平台輸出

影片創作一向被視為高成本、高門檻的創業模式。但AI的加入，讓這場遊戲變得「輕量化」與「高速化」。創作者不再需要專業器材與複雜軟體訓練，只要有創意與一點AI工具操作力，就能每天穩定輸出3～5則高品質影片。具體的變現模式如下：

1. 自媒體流量與廣告收益

- 將生成影片發布於YouTube、抖音、Instagram、Facebook Reels等平台。
- 達成播放門檻後開啟廣告分潤，或接收業配合作。
- 可透過自動剪輯與AI內容擴寫，形成「內容工廠」。

2. 數位產品與課程銷售

- 用HeyGen或Synthesia製作虛擬講師教學影片，開設線上課程。
- 結合Notion AI、ChatGPT完成講義與學習資料，形成完整知識變現模型。

3. AI影片接案與定制服務

- 提供短影音製作、品牌人物動畫設計、AI廣告生成等B2B服務。
- 結合Canva AI與影片剪輯工具，可提供客製化廣告模板包販售。

4. 影片NFT與Web3展示

- 將AI生成影片製作成限量的NFT，掛載至OpenSea、Zora、Foundation等平台，進行收藏或拍賣。
- 特別適合音樂人、數位藝術家或影像詩創作者。

🎯 誰最適合切入這波生成影片創富浪潮？

這波浪潮特別適合以下三類創業者與內容經營者：

對象類型	創富策略
YouTuber / TikToker	建立每日產出機制，借助AI提高產能與內容質感
品牌經營者 / 電商主	自製廣告影片與教學動畫，節省拍攝與製作預算
講師 / 教練 / 顧問	製作虛擬教學影片、語音講解、品牌分身，用AI放大影響力

而對於想要以副業切入的創作者來說，這也是一個幾乎無需硬體投資、即可高效上手的創業選項。只需熟練3～5款工具，就能進入影片變現的快速通道。

多語內容與全球擴散：AI影片的世界舞台

AI不僅加快了影片製作的速度，還讓語言障礙不再是擴張全球觀眾的阻力。透過語音克隆與自動翻譯系統，如HeyGen、Synthesia、DeepL、DubDub.ai等，創作者可將一支影片自動轉換為多語版本，擴展觸及法語、德語、日語、西班牙語市場，甚至直接輸出多語字幕與原音對照。多語變現應用包括：

- **YouTube多語頻道建構**：以一支影片為母本，分別生成不同語言版本並上架於不同子頻道，形成「內容複製＋區域化」的被動收益體系。
- **電商商品介紹影片國際化**：針對亞馬遜、蝦皮、阿里國際站等跨境電商平台，製作多語產品影片，提高轉換率與國際信任度。
- **教育型內容的語系拓展**：特別適合語言學習、AI技術教學、健康生活類別，自動上字幕與翻譯後可拓展至非華語市場。

🎯 AI × 數據分析：從「憑感覺」進化成「科學決策」

影片是否吸睛、文案是否誘人、主題是否有共鳴，過去多依賴創作者經驗或「第六感」來判斷。而現在，AI 不僅幫你製作影片，更能幫你決定做哪一支影片最容易爆紅。

AI 數據決策的實用工具：

工具名稱	功能
vidIQ / TubeBuddy	YouTube 關鍵字搜尋量、競爭分析、點閱預測
ChatGPT＋YouTube 數據串接	自動收集熱門影片腳本特徵、擷取主題與架構
Google Trends / SEMrush	搜尋熱度與主題走勢分析，適合社群或新聞型影片

這些工具的價值，在於幫助創作者解答三大問題：
1. 這個主題有沒有人在搜尋？
2. 這個主題的競爭強度如何？
3. 我做這支影片會不會是浪費時間？

有了 AI 與數據分析的支援，影片創作不再是「試錯」，而是「精算」的投資行為。

🎯 真實案例：一人團隊 × AI 影片工廠

讓我們看看 AI 工具如何實際幫助內容創作者快速建立收入來源。

🎣 David，一人團隊的 AI YouTube 頻道經營者

📍 **目標主題**：科技趨勢與 AI 教學

📍 **每週產出**：5～7 支影片（平均 3 分鐘）

工具使用：
- ChatGPT：快速生成腳本與標題建議
- HeyGen：合成數位講師角色講解
- Pictory / Runway：製作畫面與過場動畫
- vidIQ：分析標題關鍵字與發布時間

變現方式：
- YouTube廣告收益
- AI課程導流（Gumroad）
- AI工具教學聯盟行銷（Affiliate）

營收成果：創建頻道6個月後，訂閱數突破3萬，每月穩定收益1200～1800美元。影片全由AI協助製作，一人完成所有任務。

授權與版權：AI創作的法律思維不容忽視

AI影片雖然生成迅速，但涉及大量素材、圖像、語音與音樂合成，著作權與商業用途界線仍需特別注意。常見版權問題包括：

- 圖片素材是否來自授權平台？
- AI工具產出的內容是否可商用？
- 是否涉及真人肖像或語音模擬？（特別是HeyGen、Voicemod）
- 是否侵犯他人商標或圖像風格（例如皮克斯、迪士尼風）？

為保障自身權益與長期內容價值，建議創作者應：

- 使用明確標註可商用授權的AI工具與素材（如Runway Pro訂閱版）
- 自行生成提示詞與合成內容，避免直接搬用他人prompt
- 上傳至平台前留存生成記錄與合約條款截圖，方便舉證與授權

查驗

🎯 AI影片創作將如何改寫媒體與商業生態？

我們正站在一個「視覺內容AI化、創作流程自動化、商業場景視覺化」的臨界點上。未來的影片創作將呈現以下幾個趨勢：

1. 每個人都將擁有自己的數位分身與虛擬主持人
   - 商務簡報、教育訓練、品牌推廣都可由虛擬AI講師執行
2. 企業影片行銷全面轉向模組化自動生成
   - 行銷素材將像內容積木，自由拼裝與版本生成
3. YouTube與短影音平台將出現大量AI原生頻道
   - 無實拍、無真人，但內容真實、專業、有價值
4. AI工具商將逐步與影片平台整合，形成內容供應鏈
   - Runway ✕ YouTubeStudio、HeyGen ✕ Shopify、Kaiber ✕ Spotify等
5. 影片創作將不再只是行銷工具，而是創業與自媒體的核心產品

🎯 AI為影片創作插上速度與規模的雙翼

內容即資產，影片即產品。AI不僅縮短了影片製作的技術距離，更開啟了創作變現的規模可能。從腳本到成品、從個人品牌到全球播放，從創意發想到自動化輸出，AI讓每一位內容創作者都有機會站上商業舞台，建立屬於自己的創富影片工廠。

而下一步，就是你敢不敢踏出那第一支影片。

AI文案與行銷自動化

讓內容變現更快速、更有效！

在數位行銷的世界裡，內容就是貨幣。好的文案能吸引眼球、激發情緒、推動行動，是品牌成交與轉換的關鍵。然而，大多數企業與創業者卻面臨一個老問題——產能跟不上需求，創意常常枯竭。這正是AI出場的時機。

AI不僅可以幫你寫文案，更可以為你「思考」、調整語氣、模擬用戶反應，甚至自動安排行銷計畫。從廣告腳本、EDM、社群貼文，到SEO部落格文章，AI工具讓行銷內容製作流程實現真正的自動化與商業化規模擴張。

🎯 AI文案革命的起點：內容生產的自動化引擎

傳統文案創作常依賴創意團隊、寫手、顧問與反覆審稿，成本高、速度慢。如今，借助AI工具，如ChatGPT、Copy.ai、Jasper、Writesonic、Anyword等平台，只需輸入產品描述或品牌調性，即可在數秒鐘內生成多樣化、針對性極高的行銷文案。

常見應用場景：

應用類型	AI產出內容
電商平台商品頁	商品標題、特色描述、SEO說明
廣告素材文案	Facebook/Google廣告主文與標題
社群媒體貼文	IG/TikTok帶話題貼文、圖片文字建議
EDM郵件行銷	開信主題、主文案、CTA（行動呼籲）
部落格與知識文章	SEO優化內容、關鍵字內嵌文、教學型文章
自我介紹與品牌主頁文案	關於我們、品牌故事、創辦人專欄

以一位電商創業者為例，使用ChatGPT僅花20分鐘，即可完成過去需2～3小時撰寫的10款商品文案，還能依照不同語氣（幽默、專業、煽情）自由調整版本。

熱門AI文案工具簡介與比較

以下是目前市面上主流的AI文案生成平台功能比較：

工具名稱	功能亮點	適合對象
ChatGPT	全方位自然語言生成，自定義性強、語境理解高	自媒體經營者、品牌主、顧問
Copy.ai	模板齊全，支援網站文案、廣告詞、Email文案等	電商業主、廣告行銷團隊
Jasper AI	專為行銷設計，整合品牌語氣、SEO、轉換分析	專業內容團隊、創意顧問
Writesonic	強化SEO整合，支援多語翻譯	網站內容工作者、多語內容製作者
Anyword	效果導向AI，內建AB測試與點閱率預測功能	廣告文案優化專案、流量變現導向商業團隊

這些工具能根據「目標受眾」、「平台調性」、「轉換目的」即時微調語氣與架構，使得AI文案不僅像人寫的，更像「為人而寫」的。

AI文案的魔力：從吸睛到成交的行銷漏斗

AI的價值不只是產文速度快，更在於它可以參照過去數百萬篇優秀廣告與用戶反應，打造更具轉換邏輯的內容結構。這讓內容不再只是「寫得好看」，而是更容易誘發行動、刺激購買、促成訂閱。

典型轉換文案架構（AIDA）

- A – Attention：吸引注意（如用ChatGPT生成新穎標題）
- I – Interest：勾起興趣（如Copy.ai製作敘述型產品說明）
- D – Desire：引發欲望（如加入社群見證、使用場景）
- A – Action：促進行動（如Jasper提供的強效CTA）

AI能自動套用這類結構模板，根據你提供的簡單指令輸出多種版本，讓你選擇最適合的行銷語氣、轉換訴求與受眾定位。

不只是寫文案，更是「推文＋測試＋優化」

AI行銷自動化不僅止於生成內容，它更進一步完成整個行銷任務鏈的自動執行與測試，包括：

行銷階段	AI工具功能
規劃	AI分析市場趨勢、自動排程內容行事曆
產出	自動生成主題、腳本、圖文、標籤、CTA文案
上傳	API串接Buffer、Hootsuite等社群排程平台

| 測試 | AB測試文案、追蹤點閱與轉換率（如Anyword、Jarvis） |
| 優化 | 自動微調關鍵詞與語氣，提升ROI成效 |

這讓中小企業也能像行銷大團隊一樣營運內容輸出，讓「每天發文、每週寄信、每月寫文案」變得不再痛苦而是可複製的工作流。

🎯 AI文案工具如何讓小企業年營收翻倍

🎧 案例：Sarah，一位女性保健品電商創業者

📍 **問題**：每天需產出5則社群文案與每週1篇長文教學部落格，時間成本過高。

📍 **解決方案**：
- 使用ChatGPT生成每日社群貼文與標語。
- 用Jasper每週產出一篇1200字SEO教學文章。
- 用Copy.ai製作產品頁面文案與購物流程CTA。

📍 **結果**：
- 廣告點擊率從1.2%提升到3.8%
- 電商網站轉換率從2.1%成長至4.9%
- 年度營收翻倍，內容成本減少70%

關鍵不是工具的好壞，而是「是否把內容當成商業資產管理」，而AI正是這個資產系統的生產機。

🎯 未來趨勢：AI將成為品牌語言的持續生成器

接下來，AI在行銷與文案的角色將不僅是「幫你寫」，而是「持

續理解你的品牌語言」與「學習你的顧客反應」，發展為更智慧的品牌內容機器人：

1. 品牌語氣個人化記憶庫

AI記住你品牌的語氣、口頭禪、價值觀，未來所有文案皆可以自動套用。

2. 內容即服務（Content-as-a-Service）

你不再請寫手，而是訂閱AI文案系統自動產出所有宣傳所需素材。

3. 跨平台一致性與自動多語輸出

一次寫好，自動轉為TikTok、Line、Email、Instagram專屬格式與語氣，甚至翻譯為多語版本發布。

4. 互動式文案＋聊天機器人融合

行銷文案將融合對話式AI，如同一位能回應、能推薦、能引導的業務專員。

🎯 AI讓文案與行銷真正「會賺錢」

AI文案工具不只是創作者的輔助工具，而是品牌與企業通往內容資本化的橋樑。它讓創意從靈感變為流程，讓語言從表達變為行動引擎。在這場行銷自動化的競賽中，誰更早掌握AI工具，誰就能用更快速度、更低成本、更高效率推動營收成長。

而你，只需要開始「問對問題，輸入正確提示詞」，AI就會把高轉換率的文案，源源不絕地送到你手上。

AI賦能百業開啟智慧產業新世代

為創業者與從業人員開啟全新商業模式與創富機會！

我們正處於一場前所未有的科技遷徙時代，人工智慧（AI）從學術領域走入真實產業，從數據分析走向決策輔助，再一步步深入至營運自動化與策略預測。AI不再只是「科技公司」的專利，它正快速滲透至金融、醫療、零售、物流、製造、教育、媒體、房地產、旅遊等傳統與新興行業，推動著全產業的智慧升級。

這場「AI賦能百業」的浪潮，正重塑企業的競爭邏輯，也為創業者與從業人員開啟全新商業模式與創富機會。

金融：從風險控管到智慧投資的轉型

AI在金融業的滲透可謂全面且深度。傳統的信用評估、風險管理、投資策略，都正被演算法重新定義。

> **風險預測與信用評分**：AI能分析用戶過往交易、社交行為與設備資訊，補足傳統金融機構無法覆蓋的數據維度，建構更準確的信用模型。例如Upstart使用AI替貸款人評估風險，違約率

降低27%，核准率卻增加16%。

- **量化交易與智慧資產配置**：AI可即時分析多維市場數據，自動執行交易策略。許多對沖基金與個人投資者皆已使用AI工具來進行策略回測與調整。
- **詐欺偵測與KYC**：金融機構也運用AI進行反洗錢與異常交易監控，大幅降低詐騙風險。

AI讓金融服務更智慧、更普惠，也讓一般人更容易接觸理財與投資工具。

醫療：AI成為新世代的「健康顧問」

AI在醫療領域的應用，不僅能提升效率，更具備重大社會價值。

- **輔助診斷與影像判讀**：AI系統（如Google Health的乳癌判別模型）已能準確辨識X光與MRI中的早期病變，甚至超越某些人類醫師。
- **個人化醫療與用藥建議**：AI可根據基因圖譜與病歷資料推薦專屬療程，協助精準醫療發展。
- **遠距健康管理**：透過智慧穿戴設備與AI模型，能偵測心率異常、血糖變化，及早預防中風與慢性病惡化。
- **醫院營運優化**：AI可預測病床使用率、手術排程效率與耗材用量，減少浪費、提升服務品質。

醫療AI正從實驗室走向臨床，從診斷輔助走向健康守門人，未來將深刻影響保險、養老、康復等整個健康產業鏈。

🎯 零售與電商：消費者體驗的智慧化革命

零售業面對高度競爭與用戶需求碎片化的挑戰，AI為其注入了洞察與自動化的雙重助力。

- **個人化推薦系統**：如Amazon、蝦皮等平台利用AI分析用戶購買行為與瀏覽軌跡，自動推薦商品，提高轉換率。
- **智慧定價與動態促銷**：AI可即時根據市場競爭、庫存情況與用戶點擊行為，自動調整價格與折扣策略。
- **智能客服與銷售機器人**：AI聊天機器人能24小時應對大量用戶查詢，減少人力壓力、提升服務體驗。
- **門市選址與庫存管理**：結合地理資訊與歷史營收，AI協助企業預測最佳開店地點與補貨策略。

AI讓零售不只是「賣得出去」，更是「賣得精準、賣得聰明」，並能即時響應市場脈動。

🎯 物流與製造：效率提升與預測性管理的關鍵武器

- **智慧排程與運輸路徑優化**：AI根據交通數據、天氣、歷史配送紀錄，計算最佳運送路線與派車策略，節省油耗與時間。
- **設備預測維護（Predictive Maintenance）**：製造業使用AI監測機器數據，提前預測故障點，降低停機損失。
- **自動倉儲與機器人管理**：物流中心運用AI控制自動揀貨機器人與無人車，有效提升倉儲效率。
- **需求預測與供應鏈反應**：AI可預測商品熱銷期與地區銷量變化，

讓企業提前調配物料與庫存。

AI成為從工廠端到消費端之間，最核心的智慧連結器。

教育與內容產業：學習與創作的個人化與規模化

- **自適應學習平台**：如SquirrelAI、Khan Academy使用AI分析學生答題模式，自動調整教學節奏與難度。
- **內容創作自動化**：教師可用AI快速生成講義、考題、學習路徑圖，減少備課時間。
- **語音輔助與互動AI助教**：AI能模擬真人對話，協助語言學習與問題解答，讓學習更有陪伴感。
- **企業培訓與知識圖譜建立**：大型企業可結合內部知識與AI，打造「智慧知識庫」，員工可即時詢問、學習並獲得建議。

教育不再是「一對多的教室」，而是「一對一的智慧陪伴」。

媒體與行銷：內容、數據與受眾的智能結合

- **AI影片與文案生成**：平台如Runway ML、Jasper AI可自動生成社群文案、廣告片段，降低創意人力成本。
- **數據驅動內容策劃**：AI可分析用戶瀏覽與互動行為，預測什麼主題最可能引發關注。
- **即時輿情與品牌聲量監測**：利用自然語言處理（NLP）分析網路口碑與社群趨勢，及早應對公關危機。

媒體從過去的「內容中心」轉向「數據中心」，AI成為精準溝通

與資源配置的關鍵角色。

🎯 AI導入的挑戰與建議

雖然AI為各行業帶來巨大機會，但在落地過程中仍面臨幾項挑戰：

挑戰	對應建議
員工抗拒與技能落差	建立AI素養培訓計畫、引入數位轉型顧問
資料品質與結構混亂	先進行資料清理與治理，再推動AI模型應用
工具碎片化，無法整合流程	優先選擇具API串接能力的AI平台或ERP解決方案
AI模型缺乏可解釋性與透明性	使用白箱模型（如決策樹）或強化模型可視化與審核機制

企業導入AI不應只為追風口，更應以提升價值、改善效率與創造長期競爭力為核心目標。

🎯 AI是每一個行業的共通引擎

無論你是醫師、行銷人、物流主管、老師還是店家老闆，AI都不是取代你，而是擴展你能力的乘數工具。

真正會被淘汰的，不是沒有資源的大企業，也不是不懂程式的創業者，而是——對AI無動於衷、不願嘗試、不懂得轉型的人與企業。

AI賦能百業已經不是口號，而是現在進行式。你準備好了嗎？

AI 交易與量化投資

智慧金融的自動化革命！

過去，金融市場的競爭是資訊與人腦的競賽；如今，這場競賽正全面邁向演算法與算力的戰場。AI不再只是協助交易的輔助工具，而是主導決策、預測趨勢、即時應變的主力引擎。從華爾街的高頻交易公司，到一般散戶使用的智慧理財平台，AI正快速滲透量化交易與資產管理領域，掀起一場前所未有的金融創富浪潮。

接下來將深入解析AI在金融市場中的應用結構、策略邏輯與實戰成效，並說明AI交易如何成為新時代的創富工具。

什麼是 AI 交易與量化投資？

AI交易是指利用人工智慧技術（如機器學習、深度學習、強化學習等）對市場數據進行分析與預測，進而制定與執行交易策略。而量化投資則是根據數學模型與統計方法對市場變化做出程式化反應，追求系統化、風控化與持續化的投資成果。

結合起來，AI＋量化投資就是讓電腦成為高效率、低情緒、全天

候的投資決策者。

🎯 AI在量化交易的核心應用

1. 市場數據分析與趨勢預測

AI模型能分析大量歷史價格、成交量、波動率與技術指標，建構預測模型，甚至加入新聞情緒分析（NLP）與社群趨勢（如Reddit、X上的關鍵詞），掌握潛在市場變化。

範例工具：AlphaSense、Dataminr、QuantConnect

2. 策略建構與優化

AI可模擬數百種策略組合，例如動量策略、對沖套利、均值回歸等，透過回測與強化學習（Reinforcement Learning）不斷調整參數，找到最適應當前市場條件的策略。

範例技術：Deep Q Network（DQN）、演化算法（Genetic Algorithms）

3. 自動執行與高頻交易

透過與交易所API連接，AI可以毫秒級下單，並根據市場流動性自動調整買賣策略。這在外匯、期貨與加密貨幣市場中尤為常見。

範例平台：MetaTrader + MQL5、Binance Bot API、TradeStation

4. 風險控管與資金管理

AI可根據每次交易風險比（如最大回撤、夏普比率）自動調整倉位比例，並即時偵測異常市場變動，自動停損或切換策略。

範例模型：Value at Risk（VaR）模擬、蒙地卡羅模擬

AI交易的實際操作流程

1. **數據收集**：抓取K線圖、成交量、經濟指標、新聞等
2. **特徵工程**：設計策略所需的技術指標與特徵變數
3. **模型訓練**：使用歷史數據進行策略模擬與優化
4. **回測驗證**：評估模型在不同市場條件下的穩定性
5. **實盤部署**：透過API與券商或交易所實盤掛單與追蹤
6. **持續監控與策略調整**：模型自學與市場同步演進

這樣的流程讓投資不再是人腦憑經驗「看圖做單」，而是像企業一樣做出「數據決策＋系統執行」。

AI投資顧問（Robo-Advisors）的崛起

除了交易，AI也進入了財務規劃與資產配置領域，成為每個人都能使用的「個人金融助理」。以下是一些知名Robo-Advisors平台：

平台名稱	功能特色
Wealthfront	自動資產配置、稅務規劃、退休目標建議
Betterment	適合小資投資者，根據風險傾向自動調整資產組合
Schwab Intelligent Portfollo	結合AI＋人工顧問支援
AlphaSense	專為機構與高資產用戶設計的資訊分析與投資建議平台

這些平台透過AI演算法與使用者行為模型，提供動態建議，讓使用者能「定期投資、長期複利、自動再平衡」，將投資真正落實為「智慧理財」。

🎯 AI 交易成功案例與收益潛力

案例 1：AI 對沖基金 Numerai

- 📍 將全球數萬名資料科學家的模型整合起來，形成一個跨策略的 AI 投資超腦。
- 📍 成為全球第一個完全以群眾智慧＋AI 模型運作的加密基金。

案例 2：個人交易者「自動交易月入十萬」

- 📍 使用 Python＋ChatGPT 寫出簡單交易機器人。
- 📍 在加密貨幣市場設定套利策略（如交易對價差判斷），結合即時監控與自動下單。
- 📍 初期投入不到 1000 美元，三個月內達到穩定收益。

案例顯示：AI 投資不再是機構專利，散戶也能參與並從中獲利。

🎯 AI 交易的風險與挑戰

雖然 AI 能提高效率與準確性，但仍有幾項潛在風險不容忽視：

潛在風險	應對建議
過度依賴模型結果	建立人工監控機制、設停損點、保持人工審查邏輯
市場極端事件	模型需涵蓋「黑天鵝條件」並測試極端情境下的反應
數據偏誤或失真	使用多來源數據並定期清洗，避免模型過擬合
法規與平台風險	確保交易所 API 合規、安全性高，並遵守當地金融規範

AI 是工具，但策略與風險控製仍需人腦參與和總體規劃，才能持續創富。

AI交易的未來趨勢

1. 語意分析交易模型更普及
分析新聞、推文、政策動態自動建模，預測政策性風險或短期趨勢。
2. 去中心化AI交易系統
結合區塊鏈與AI，形成無需中介的智慧交易池與報酬分潤模型。
3. AI × ESG投資結合
AI分析企業永續性、社會責任與治理績效，推動負責任投資。
4. 個人投資機器人普及化
每個人都擁有一個「AI財富助理」，協助日常決策與自動儲蓄、再平衡組合。

AI是新金融的引擎，也是個人投資的槓桿

在這場智慧金融革命中，懂得善用AI的投資人，不但效率更高、風險更可控，還能搶佔市場先機。無論你是個人投資者、資產管理者，還是剛起步的交易員，AI都是你不可忽視的致勝武器。

未來，不是「AI會不會取代交易員」的問題，而是「不懂AI的交易員會被誰取代」的現實。

現在，就從理解開始，走進這場量化思維與智慧工具結合的全新金融世界吧。

APPLICATION 5

AI數字人與虛擬偶像

創造虛擬身份的下一波內容經濟！

如果說AI讓我們擁有了一個智慧大腦,那麼「AI數字人」與「虛擬偶像」,則賦予我們一副永不疲倦的身體與一張隨時可出鏡的臉。這場由HeyGen、Synthesia、Soul Machines等平台所掀起的「虛擬身份革命」,正快速改寫媒體、娛樂、品牌行銷與客服產業的運作方式。

從企業的AI主播,到個人的虛擬替身,甚至能自動講課、主持直播、與觀眾互動,AI數字人不再只是動畫,而是具備聲音、語氣、表情與語言邏輯的智慧存在。它們是新的媒體工具、新的收入管道,更是未來數位資產的重要組成。

什麼是AI數字人與虛擬偶像?

AI數字人(AI Digital Human):是基於AI語音、語義、圖像生成與合成技術所打造出的虛擬人物,具備「看起來像人、講話像人、能與人互動」的能力。這些數字人可應用於客服、主播、教育、品牌代言等情境。

📍 **虛擬偶像（Virtual Influencer / V-Tuber）**：是以動漫、虛擬人物形象為基礎，經由真人配音或AI控制的方式進行社群經營、影音創作、直播互動。代表如日本的初音未來、中國的柳夜熙、美國的Lil Miquela等。

這些角色雖然是虛構的，但其影響力與粉絲經濟的真實程度，遠遠超出傳統想像。

數字人技術的關鍵平台與應用場景

主要平台技術簡介：

平台名稱	功能特色
HeyGen	支援照片生成虛擬主播、可自動配音、字幕與口型同步，支援多語系
Synthesia	專注企業簡報與教學影片，支援企業品牌客製數字人形象與語音模組
D-ID	強化表情生成、可結合文字對話與影片口播
Soul Machines	提供擬人化更強的AI數字人，能進行多輪情緒對話
Hour One	適用於教育與廣告產業，可快速部署大量內容產出與語音合成

實際應用場景

1. **品牌虛擬主播／產品解說員**
   - 一支AI數字人影片可以24小時不間斷地介紹產品、服務、功能更新。
   - 可上架官網、YouTube、電商頁面作為解說影片。

2. 虛擬直播主與創作者助理
   - 利用虛擬形象＋ChatGPT控制對話內容，可進行互動直播、教學、遊戲主持。
   - 搭配OBS與API可打造AI分身直播室。
3. 企業內部培訓與簡報代講
   - 可由AI數字人替代真人講師進行SOP教學、產品訓練、內部會議簡報。
   - 節省時間與人力，並確保訊息一致性。
4. 線上客服與對話接待員
   - 結合Chatbot，打造具有表情與聲音的虛擬櫃檯或服務人員，提高用戶互動體驗。

虛擬偶像的商業模式與變現潛力

虛擬偶像已不只是次文化，而是一個完整的商業體系。許多品牌與媒體機構已投資虛擬角色，用來拓展年輕族群市場、建立IP資產與粉絲社群。常見變現模式如下：

模式類型	實際作法與平台
直播與贊助	在YouTube/ TikTok / bilibili等平台直播，接受抖內與廣告合作
數位商品販售	銷售虛擬貼圖、角色周邊、NFT收藏品等
品牌代言與廣告	擔任品牌虛擬代言人，拍攝廣告影片或生成社群貼文
IP授權	將虛擬形象授權給動畫、遊戲、漫畫、實體商品等使用

實例分享：

📍 柳夜熙（中國）：虛擬美妝KOL，發布AI生成影片迅速爆紅，

數月內吸粉超過1000萬人。

📍 **Lil Miquela（美國）**：與 Prada、Chanel 等品牌合作，擁有超過300萬粉絲與百萬美元年收入。

虛擬偶像的魅力在於：永不衰老、不會請假、不會出醜，且可任意塑造形象與語言風格，具備極強的商業彈性。

中小企業與個人如何打造自己的 AI 數字人？

AI 數字人已不再遙不可及，以下是一步步打造你的數字人分身或品牌代表的流程：

入門操作步驟

1. **建立形象**
   - 可使用照片生成工具建立虛擬外觀（HeyGen、Ready Player Me）
   - 也可使用動漫風或3D頭像進行風格化創建
2. **錄製語音或選擇語音模組**
   - 可上傳真人配音樣本建立專屬聲音
   - 或使用平台內建語音合成模型（多語支援）
3. **撰寫腳本內容或串接 ChatGPT**
   - 固定內容如產品說明、常見問題
   - 互動內容可搭配 ChatGPT、Claude 實現自由應答
4. **生成影片並發布**
   - 影片可直接下載或發布至官網、YouTube、社群平台

提示技巧：

☑ 加入「表情指令」或「語氣建議」提升自然感

☑ 用短句與視覺節奏維持注意力

☑ 預設觀眾年齡與情境，選擇語速與語調風格

🎯 AI數字人未來趨勢與社會影響

趨勢1：個人AI分身將成為標配

每個人都可能擁有一個數位替身，幫你上課、會議發言、主持節目。並可將你的一生智慧封存為「智慧傳人」延續價值。

趨勢2：品牌將轉向「虛擬代言」戰略

虛擬角色形象更可控、反應即時、情緒穩定。還能成為跨語言、跨市場的全球代言人。

趨勢3：數位倫理與辨識將成新議題

AI分身、合成聲音容易被濫用於詐騙、假新聞。所以法律與道德規範將逐漸介入虛擬人際互動。

🎯 數字人是一種新型「資產」

AI數字人與虛擬偶像的誕生，讓內容不再只靠真人參與，更開啟了「虛擬勞動」、「創意資產」的新商業形態。

你可以不錄影片，卻天天發影片；

你可以不直播，卻讓數位分身24小時替你直播。

對個人來說，AI數字人是「讓你分身的創富槓桿」；

對企業來說，它是「永不疲憊的內容工廠與品牌大使」。

現在，打造一個數字分身只需幾分鐘，但它可能帶給你的，是長達數年穩定的收益與曝光價值。

AI自動客服與商業應用

打造24小時不下線的智慧業務部門！

客服部門過去一直被視為「高成本但低產值」的必需投入，不僅需要大量人力，也容易面臨人員流動高、訓練時間長、回應不一致等問題。然而，隨著人工智慧（AI）技術日漸成熟，AI自動客服系統正逐步成為企業提升服務品質、降低營運成本的最佳解方。

從簡單的FAQ機器人，到能處理複雜問題的語音助理與智慧客服平台，AI客服正在重塑商業服務流程，為企業創造更高效率、更佳客戶體驗與更強轉化率。

什麼是AI自動客服？

AI自動客服是指利用人工智慧技術，讓電腦模擬真人客服與顧客進行對話、回應問題、協助操作或完成查詢流程。主要技術包括自然語言處理（NLP）、語音辨識（ASR）、情緒判斷、知識圖譜與對話管理系統等。有兩大主類型：

1. **文字型 Chatbot**：如 Messenger、LINE、網站內建對話框上的自動回覆機器人。
2. **語音型語音助理**：如智慧電話客服、語音導航服務，甚至像 Alexa、Siri 這類消費性語音助手。

這些系統可根據用戶輸入進行語意解析、知識檢索與動作回覆，達到 7×24 小時在線、即時響應、標準化服務的目標。

AI 客服的核心商業價值

1. 大幅降低人力與營運成本

一套 AI 客服系統可處理數千筆同時查詢，成本遠低於真人客服。範例：某電商平台引入 AI 客服後，每月節省超過 60% 的人力成本，處理效率提升三倍。

2. 提升客戶滿意度與回應速度

傳統客服平均等待時間約 3～8 分鐘，AI 客服可立即回應 99% 的常見問題。可自動化解決如「訂單查詢」、「退換貨流程」、「帳號問題」、「營業時間」等問題，讓顧客無需等待或轉接。

3. 提升轉換率與銷售機會

AI 客服可主動推薦產品、追蹤購物車狀況、提示折扣訊息，成為「無形的銷售人員」。在旅遊、保險、金融等行業，AI 客服已成功提升潛在客戶諮詢轉換為購買的比率。

4. 標準化溝通品質與企業形象

不受客服人員情緒與表達差異影響，AI客服提供一致且有禮貌的對話體驗。可自訂語氣風格、品牌口吻，打造專屬的虛擬客服形象。

主要應用產業與場景

產業	AI客服應用情境
電商平台	商品推薦、訂單查詢、退換貨處理、折扣提示
金融機構	帳戶資訊查詢、信用卡辦理、風險說明、詐騙警示
保險業	保單諮詢、理賠流程說明、即時報案指引、AI保險推薦
電信與服務業	續約提醒、帳單查詢、網路維修預約、門號申辦協助
教育與培訓產業	課程報名諮詢、學習建議、證書申請查詢、學員常見問答
旅遊與飯店業	訂房回覆、票務查詢、退票辦法、天氣推薦、行程安排建議

這些產業皆有大量「標準化問題」、「高頻重複查詢」的特性，非常適合導入AI客服系統進行流程分流與人力節省。

技術平台與工具選擇

工具／平台	特色說明
Dialogflow（Google）	可整合語音與文字客服，支援多語系與第三方平台串接
Microsoft Azure Bot Service	與Teams、LINE等平台整合度高，支援機器學習訓練功能
IBM Watson Assistant	擁有強大語義理解與企業級資料庫整合能力

Zendesk + ChatGPT	常見於中小企業使用，支援客服工單、CRM與自然語言互動
ManyChat / Chatfuel	LINE / FB Messenger 行銷導流常見工具，內建銷售流程模組

選擇平台時建議根據業務規模、語系需求、API能力與預算條件評估導入方式。

🎯 真實案例：企業如何透過 AI 客服創造價值？

🎧【案例1】某保險公司導入 AI 理賠諮詢系統

- **問題**：客戶理賠問題複雜，電話爆量、人力吃緊。
- **解法**：導入 NLP 驅動的 Chatbot，根據客戶輸入自動導引至保單條款與操作指引。
- 📍 **成效**：減少 40% 客服電話量，提升理賠回應速度與客戶滿意度。

🎧【案例2】中型服飾電商結合 AI 客服 + AI 文案推薦

- **問題**：客服經常面對大量尺碼、庫存、運費查詢。
- **解法**：導入 ChatGPT 為核心的 AI 客服與商品文案生成器，並整合購物車追蹤。
- **成效**：平均回應時間從 3 分鐘降至 10 秒內，成交率從 1.8% 提升至 3.9%。

這些案例顯示，AI 客服不僅是「替代人力」，更是提升營收與強化客戶體驗的主力系統。

導入 AI 客服的實務建議與挑戰

面向	建議與對策
導入成本考量	初期可從常見問題與簡易任務導入，自建或選擇月費型 SaaS 方案
品牌語氣一致性	預先設計客服語調與品牌風格範本，並訓練語義模型
資料更新與維護	將最新商品資訊、活動條件、條款內容自動串接至知識庫
無法理解複雜提問	對於少數難題設「人工轉接機制」，並將複雜問題自動彙整，以供後續訓練
語音客服挑戰	使用 ASR ＋ NLP 結合的高準確率語音系統，並設置靈敏度與糾錯模組

AI 客服系統不是一勞永逸的工具，而是「不斷訓練、學習與優化」的智慧助手。

AI 客服的未來趨勢與整合展望

趨勢 1：語音客服成主流

隨著語音辨識技術提升，電話與語音助理將取代傳統打字輸入，尤其在保險、醫療、電信業中發展迅速。

趨勢 2：情緒分析與個性化應答

未來 AI 客服將能判讀用戶語氣與情緒，適時調整回應語氣與處理流程，提升服務溫度。

趨勢3：AI客服＋CRM 整合加值

將AI客服與客戶關係管理系統串接，能記錄互動歷程、自動標籤客戶屬性、優化後續行銷精準度。

趨勢4：虛擬客服＋數字人結合

未來AI客服不只是「聊天視窗」，而是有表情、聲音、肢體動作的「AI接待員」，可應用於實體門市或虛擬展覽。

AI客服是現代企業不可或缺的智慧入口

AI客服不再只是降低成本的工具，而是幫助企業建立更強品牌印象、更佳顧客體驗與更高轉換率的核心服務資產。

在數位化競爭越來越激烈的時代，誰能先部署AI客服系統，誰就能先掌握顧客、掌控對話、主導交易。

它不會取代人，而是讓你少做重複事，把時間花在更有價值的事上。

AI 生成設計與品牌打造

讓創意產能變得無限可能！

在過去，品牌形象的建立往往是一場資源競賽：設計一個專業 Logo、包裝產品、架構視覺系統，少則數千，多則數十萬；時間也從數週到數月不等。然而現在，AI 設計工具的崛起正徹底改變這個遊戲規則。

無論是個人創業者還是品牌經理，只需輸入幾個文字描述，就能快速生成 Logo、產品包裝、海報素材，甚至動畫與 3D 模型。從平面到立體、從想法到視覺，AI 讓品牌打造從「專業設計」變成「人人皆可創作」，開啟一場創意民主化與商業加速的革命。

什麼是 AI 設計？

AI 設計（AI-generated Design）是指利用人工智慧技術，如圖像生成（GAN）、自然語言處理（NLP）、電腦視覺（CV）等，將人類輸入的提示詞（prompt）或素材，自動轉換為視覺內容、設計元素或完整作品。AI 設計涵蓋領域有：

- 商標與品牌識別（Logo、標誌系統）
- 社群圖文與廣告海報
- 包裝與印刷品
- 網頁與 UI / UX 設計草圖
- 3D 模型與產品視覺原型
- 建築外觀草圖與室內視覺化

不再只是創作者的輔助工具，更是整個品牌策略與內容生產線的一環。

主流 AI 設計工具與平台介紹

工具名稱	功能特色	適用對象
Midjourney	圖像風格化強大，可產出插畫風、藝術風、寫實風海報等	視覺創作者、品牌經理、藝術家
DALL·E	OpenAI 推出的圖像生成器，可根據文字創建複雜構圖	一般創業者、設計師
Looka	專注於商標與品牌識別生成，可輸出完整品牌套件	小型企業、個人品牌創業者
Canva AI	整合文案、設計與素材庫的多合一行銷平台，支援自動生成設計	行銷人員、社群經營者
Khroma	AI 色彩搭配工具，可依喜好推薦配色風格	設計新手、網頁設計、廣告製作人員
Spline AI	可將文字轉為 3D 模型原型，適用於產品原型與網站動畫	UI 設計師、產品視覺開發

🎯 AI 設計帶來的六大變革

1. 降低創業門檻，縮短品牌建立時間
以前需要委託設計團隊才能完成的品牌識別系統，現在用 AI 就能 1 小時內完成 Logo、配色、字型風格與行銷海報初稿。

2. 靈感生成與多版本比對
AI 可產出大量變體版本供比較與試錯，提升設計靈活度與創意空間。

3. 大幅減少人力與製作成本
用 Midjourney 生成一張插畫封面，只需幾秒鐘，成本不到傳統委託價格的 5%。

4. 非設計人員也能快速製作內容
只需輸入描述（prompt），就能生成具備設計美感與一致性的圖像，不再受限於技術與工具。

5. 多語系、多格式、多場景輸出更容易
AI 工具可同時支援社群、簡報、包裝、電商等格式，並進行語言翻譯、尺寸裁切，形成高效率素材供應鏈。

6. 整合行銷與品牌資產平台
從 Canva 到 Looka，都支援「品牌管理套件」功能：LOGO ＋海報＋簡報＋社群圖＋名片＝一次性打包產出。

🎯 真實應用案例分享

案例 1：個人健身品牌從零到包裝上市只需一週
📍 使用 Looka 設計品牌 Logo 與視覺配色

- 用 Midjourney 產出產品瓶身設計圖與社群圖片
- 使用 Canva 設計促銷簡報與電商廣告圖
- 合作工廠參考 AI 產出的設計樣稿直接製作成品
- 一週內完成品牌命名、視覺與包裝上架流程，成本僅為傳統 1/10

案例 2：創作者出版 AI 繪本、NFT 與虛擬角色

- 使用 DALL·E 與 ChatGPT 合作產出故事文本與插圖
- 利用 Midjourney 調校風格一致的角色與背景
- 結合 Spline 製作 3D 動畫角色，用於社群與開場影片
- 最終集資 50 萬台幣，出版 500 本限量 AI 繪本

品牌打造的 AI 整合策略建議

若您正計畫創立一個新品牌或重塑現有品牌形象，AI 可協助您快速完成以下工作流程：

品牌構建元素	AI 工具對應建議
品牌命名與文案定位	ChatGPT、Copy.ai
Logo 與識別系統設計	Looka、Tailor Brands、Canva
包裝與視覺元素	Midjourney、DALL·E、Adobe Firefly
社群行銷素材	Canva、Visme、Crello
簡報與商業提案	Gamma、Beautiful.ai
網頁與 Landing Page	FramerAI、Wix ADI

這些工具多數為低月費甚至免費版本，能大幅加速品牌準備與內容量產的節奏。

AI設計創富模式：從自用到商業接案

AI設計工具不僅可供自用，也能轉化為商業服務模式，以下是幾種熱門變現方式：

模式類型	說明
品牌代設服務	幫助他人設計品牌識別、海報與行銷素材，定價彈性高
設計模板販售	在平台如Etsy、Creative Market販售可編輯設計模板
AI圖像訂閱制	提供每月圖像／品牌素材包，打造穩定訂閱收入
教育課程與教學	教學如何用AI設計、生成商業素材，開設線上課程
NFT與數位藝術	結合Midjourney藝術生成創作限量NFT銷售

設計師與品牌人如何與AI合作而非被取代？

AI設計工具的出現，讓許多設計師感到焦慮。但事實上，AI並非取代創意，而是放大創意與價值實現的速度與廣度。建議策略如下：

✿ 善用AI快速出草圖，專注構思與細節打磨
✿ 讓AI成為「構圖助手」與「風格探索器」
✿ 建立自己專屬的prompt庫，擁有風格辨識度
✿ 結合人文思維與品牌策略，打造難以複製的品牌故事與核心

真正有價值的設計師，未來不只是操作工具，而是「設計AI如何創造價值」的人。

🎯 AI 設計是一種品牌槓桿，也是商業競爭的加速器

AI設計不是要你變成設計師，而是幫你跨越過去那道「美感與技術」的門檻，讓創業者能更快打造品牌、企業能更快擁有視覺系統、市場能更快感知你的價值主張。

它是一種時間效率、品牌能見度與內容槓桿力的集合體。未來企業間的競爭，將不只在產品與服務，而是比誰能更快、更準確、更吸睛地說好品牌故事。

現在，你只需要一個想法，加上一段文字，AI就能為你畫出未來。

APPLICATION 8

AI開發自動化與程式生成

程式語言的門檻,正在消失中!

曾幾何時,「學會寫程式」被視為進入科技創業的基本條件。然而現在,透過AI工具的幫助,即便從未接觸過程式碼的創業者,也可以輕鬆建出網站、APP、甚至部署小型AI系統。這不僅是工具上的進步,更是創業門檻與開發速度的革命性變革。

AI不再只是幫你「查語法」,而是直接「幫你寫好」。從程式補全、錯誤修復、語法轉換,到整個功能模組的構建,AI正在徹底改寫軟體開發的生產方式與人才結構。

程式碼從手寫變為對話生成

主要AI開發輔助工具:

工具名稱	主要功能與特點
GitHub Copilot	由OpenAI與GitHub聯合開發,可在VSCode中自動補全、生成程式碼片段
ChatGPT Code Interpreter	能理解使用者的語言敘述,自動轉為Python、JavaScript等可執行邏輯

Replit Ghostwriter	支援雲端編輯器開發者自動補完與解釋程式邏輯，特別適合新手上路
Amazon CodeWhisperer	AWS出品，支援多種語言與雲端整合，適合大型系統與企業開發者
Google Gemini Code Assist	結合Google Cloud與PaLM模型，強化Python與資料科學領域的應用

這些工具能理解自然語言輸入，根據上下文預測並生成完整程式碼段，甚至提供即時測試與最佳化建議。

AI開發能做什麼？五大應用場景

1. 自動補全與模組生成

開發者僅需輸入部分函數或邏輯說明，AI可即時預測後續代碼，節省開發時間。例如輸入fetch data fromAPIand display，AI即可自動寫出完整fetch函式、錯誤處理與DOM更新邏輯。

2. 除錯與錯誤修復

AI能即時指出語法錯誤與邏輯漏洞，並提供修正建議，甚至直接修改程式碼。這對新手來說是一種即時教學，對老手則是省時利器。

3. 跨語言轉換與框架遷移

可將Python轉為JavaScript、PHP轉為Node.js等，甚至可協助遷移至不同框架如React、Vue、Next.js，節省大量重構成本。

4. 資料分析與自動報表

透過ChatGPT Code Interpreter，非工程背景的人也能生成統計圖表、進行資料清洗與分析，適用於市場分析、財務模型與用戶行為追蹤。

5. 型快速開發與 MVP 建立

創業者可透過語言敘述，快速請 AI 建立網站前端頁面、基本會員登入模組或表單功能，將構想快速轉為可測試原型。

非工程背景者如何用 AI 開發產品？

以往「不會寫程式」是創業者的痛點。現在，AI 工具已讓許多無技術背景者得以完成產品最小可行版本（MVP）或早期測試系統。以下是常見使用方式：

- 使用 Notion + ChatGPT 打造網站雛形：用自然語言撰寫功能需求，請 ChatGPT 生成 HTML + CSS，貼上即可運作。
- 用 Replit 搭建小型應用：只要開啟一個專案，輸入功能敘述，Ghostwriter 幫你完成網站或資料庫基本邏輯。
- 用 Framer + AI 建立即時展示頁面：用 AI 生成 Landing Page，幾分鐘就能上線測試用戶反應。
- 開發簡單 AI 問答或表單收集系統：利用 Zapier 串接 GPT 與 Google Sheet，快速收集與分類使用者反饋。

這些組合讓創業者可以用對話的方式開發產品，而不是一行行手刻程式碼。

AI 程式輔助對開發者帶來的效率革命

功能面向	傳統方式	AI 輔助開發
補全程式碼	搜尋 StackOverflow 或範例	寫幾個字母即出現完整建議
修復錯誤	手動除錯，查找錯誤訊息	AI 指出錯誤並提供修改方案

API串接與文件閱讀	手動查文件、拼接資料格式	AI直接生成完整API呼叫範例
多人協作與註解	人工寫註解、寫README	AI可生成人類可讀的註解與說明文件
學習新語言	緩慢閱讀與實作	AI幫你即時翻譯並說明不同語法邏輯

根據GitHub統計，使用Copilot的開發者平均提升42%的開發效率，特別在重複性高的程式模組與基礎邏輯建構上表現亮眼。

🎯 真實案例：AI如何幫助創業者與開發團隊

案例1：兩人團隊打造SaaS平台雛形

- 一位設計師＋一位行銷人員，無工程背景
- 使用ChatGPT撰寫表單邏輯、Midjourney製作視覺風格
- 前端使用FramerAI，後端用Replit與Supabase組合
- 三週內完成登入系統、使用者儀表板、報表產出與Beta測試功能

案例2：新創團隊以Copilot減少開發週期30%

- 原需8週建構的會員管理模組，因AI預測邏輯與生成測試碼，只花5週完成
- 還自動建立RESTful API與完整CRUD模組
- 減少人為Bug、提升測試覆蓋率與團隊滿意度

這些案例證明，AI不僅提升生產力，更改變了產品開發的節奏與組織協作方式。

未來趨勢：從「手工」進入「語意驅動」時代

1. AI程式語言的標準化
　　專為AI設計的指令語言（如AutoGPT腳本）將成為開發新標準。

2. 語音程式開發成真
　　未來「說出一段功能敘述」即可自動產出完整功能並部署至雲端。

3. 從寫程式 → 編排服務流程
　　開發者角色轉變為「AI工具的組合師」，負責選擇模組與串接邏輯。

4. 資料與安全治理更重要
　　隨著生成速度提升，如何確保模型安全、資料正確與倫理設計將成為重點。

開發力即創造力，AI是每個人的開發助理

　　AI開發工具的普及，讓「不會寫程式」不再是阻礙創新的藉口。你可以是一位創業者、設計師、行銷人員、教育者——只要你懂得如何問問題、如何描述需求，AI就能幫你把想法變成系統、功能與價值。

　　程式碼的未來，不再只是工程師的語言，而是所有創新者的創造介面。

AI 教育與在線學習

打造個人化學習與數位變現的新時代！

教育產業正經歷一場前所未有的轉型浪潮。這並非傳統的教學升級，而是一場結構性的學習革新：AI不只是輔助教學，而是成為學習的核心推手。從學生到專業人士，從補教業到自媒體創作者，AI正在重塑學習的方式、速度與變現邏輯。

透過智能學習助手、個人化學習計畫、自動生成教材與線上教學平台的整合，AI不僅幫助學會「學什麼」，更解決「怎麼學」「學到哪裡」「學會沒有」的關鍵痛點。接下來為您探索AI如何全面改造教育產業，並開啟知識經濟的新可能。

AI 在教育場域的五大應用場景

1. 智能教學助手（AI Tutor）

如Khan Academy結合GPT模型推出的「Khanmigo」，可以即時回答學生問題、解釋概念、模擬對話，成為「不會疲倦的私人家教」。

2. 個人化學習路徑規劃

AI可分析學習者的答題紀錄、反應時間、錯誤類型，動態調整課程順序與難度，打造「為你量身訂製」的學習旅程。

3. 自動化教學內容生成

教師與講師可使用ChatGPT、Gamma、Canva AI等工具，自動生成教案、PPT、練習題、考卷與影片腳本，節省備課時間。

4. AI線上課程平台整合

結合Notion AI ＋ Teachable ＋ Synthesia，就能快速打造一套自媒體知識產品或教學平台，實現數位變現。

5. 多語教學與即時翻譯

AI翻譯與語音轉換技術如Whisper、DeepL，使得課程可同時以多種語言進行內容轉化與全球發布。

代表性平台與技術應用

平台／工具名稱	功能說明
Khanmigo（Khan Academy）	智能教學助手，提供即時概念解釋、數學輔導、寫作指導
Socratic by Google	可拍照提問的學生助手，自動辨識題目並給出步驟解答
Quizlet AI	自動生成練習卡片與小測驗，適合快速複習與記憶訓練
Notion AI	協助教師寫教案、整理筆記、自動彙整學習計畫
Gamma / Slides AI	自動生成簡報教材，適合知識變現、自媒體課程開發
Synthesia / HeyGen	可生成虛擬講師影片，快速打造AI數字人授課系統

這些平台的出現，使得一人創作者也能擁有過去一整個教學團隊的教學能力與內容輸出能力。

🎯 AI 如何改變「學習」這件事？

☑ **過去**：標準化灌輸
教師講一樣的內容給所有人，無法根據學生狀況即時調整。

☑ **現在**：動態陪伴式學習
AI可根據學生學習歷程與理解度，立即回饋與調整方向。

☑ **過去**：複習靠自己
不懂的題目只能靠搜尋或等老師解釋。

☑ **現在**：隨問隨答＋步驟解析
使用ChatGPT或專屬學習助手，學生可主動發問並獲得精準回應。

☑ **過去**：學習動力靠自制
教材無趣、學習不連續，缺乏動機。

☑ **現在**：AI推薦學習內容與提醒
結合情緒與學習行為分析，自動推薦接續教材與練習，建立學習習慣。

🎯 AI 為教學者與教育工作者創造什麼機會？

1. **提高產能，縮短備課時間**
   - 📍 一位教師可用ChatGPT＋Notion AI一天完成一週份教案。
   - 📍 自動生成課程摘要、課後重點、練習題、評分標準，將過去手動流程自動化。

2. **建立個人品牌與知識變現模式**
   - 📍 使用Synthesia＋Teachable，錄製數位課程並架站販售。

- 將實體課轉為線上教材,透過社群行銷吸引學員。

3. 拓展學習社群與個別輔導

- 將AI用作教學助理,自己專注在更有價值的一對一輔導與學習策略指導。

4. 跨境教學與全球化授課

- 課程可用Whisper / DeepL自動翻譯為多語版本,觸及非華語市場。
- 使用虛擬數字人講師影片,可於YouTube、Udemy等平台建立國際知名度。

AI × 教育的創富模型與實例

模型類型	說明與應用場景
線上課程販售	建立知識型網站平台販售AI製作之教學影片與練習資料
訂閱型教育社群	以AI生成內容為基礎,搭配群組討論與每週Q&A,建立穩定訂閱收入
教育顧問服務	提供個性化學習策略規劃與教材製作,搭配AI輔助評量與回饋
企業內訓模組	企業培訓講師使用AI設計內訓教材、自動評分與學員追蹤回報
兒童學習品牌	打造AI助教與卡通角色互動課程,如兒童語文、算術、邏輯力訓練

真實案例:

- 一位數學補教老師將多年教材整理為AI驅動的學習系統,透過網站月收學費約NT$80,000。

📍 台灣某教育新創公司使用GPT-4 API建構國小社會科問答平台，開放家長註冊付費使用，3個月破千會員。

🎯 AI教育的限制與未來挑戰

限制／挑戰	解決方向
缺乏同理與人性化	結合人類教師與AI助教，建立混合式教學模式
假資訊風險	強化資料來源審查與「真實教材庫」整合
缺乏互動性	將AI與虛擬角色、遊戲元素結合，增加學習沉浸感與參與感
資料安全與隱私	導入安全儲存系統，並取得家長／用戶授權與資料匿名處理

AI教育的價值，需搭配人類監督、情感連結與教學經驗，才能形成真正有效的教學體系。

🎯 AI學習的未來趨勢

1. 學習 × 即時個性化

課程內容與難度將根據學習行為動態調整，真正實現「一人一課表」。

2. 智慧課綱與社會型學習推薦

AI會根據你的職涯規劃、自我評估、自學紀錄，主動推薦下一個應學的主題與技能。

3. 語音／視覺教學普及化

學習不再只是文字與影片，AI生成的實境模擬（AR/VR）與語音互動將大量融入教育。

4. AI為創作者開課提供「全流程助理」

從企劃、教案撰寫、教材製作到平台上架與行銷，AI將協助每個人都能成為「一人教育品牌」。

AI讓學習變得更聰明，教學變得更簡單，知識變現變得更可能。AI教育的本質不在於「取代老師」，而是讓老師與學習者都能更聰明、更輕鬆、更有策略地掌握學習歷程與教學價值。對學生來說，AI是無所不在的學伴；對老師來說，AI是永不疲憊的教材助理；對創業者來說，AI則是知識產品化、內容變現的槓桿器。

在未來，教育不再只是教室裡的事，而是每個人、每一天、每個裝置上的「隨時升級」系統。你學得越快、越深、越準，改變命運的機會就越大。

而AI，正是讓這一切加速實現的智慧引擎。

AI自動化創業

用一人團隊，做出一間高效公司！

過去的創業，需要團隊、人脈、資金與大量人力投入；今天，只要一台電腦與一套AI工具，你就能啟動一間24小時不打烊、跨平台自動營運的「智慧微型公司」。

這不是幻想，而是大量創業者已經實踐的現實。從產品設計、品牌視覺、文案撰寫、影片行銷、社群管理，到客服、財務、數據分析等，AI工具已可涵蓋大部分創業初期的繁瑣工作流程。一人創業、一人運營、一人變現的商業型態正在崛起。

接下來我們將系統性整理「AI自動化創業」的全流程架構，幫助你從0到1打造你的創業項目，並用最少資源達成最大商業輸出。

什麼是AI自動化創業？

AI自動化創業，指的是將企業創建與營運所需的重複性任務、資訊產出、決策輔助等，交由AI工具處理或全自動執行，讓創業者能集中於產品核心與價值創造。這種創業模式具備以下特徵：

- ☑ 一人即可營運（無須聘請員工）
- ☑ 大部分流程自動化（文案、客服、投放、影片等）
- ☑ 所需成本極低（工具多為月費制或免費）
- ☑ 快速測試與迭代（即時生成產品、市場測試）
- ☑ 可結合自媒體、電商、數位課程、顧問等模式變現

AI自動化創業流程全圖

1. **發想與市場驗證**
   - 工具：ChatGPT、Google Trends、Exploding Topics
   - 功能：幫你生成創業點子、產品定位、目標客群輪廓、熱門關鍵字與潛在痛點分析

2. **品牌設計與視覺包裝**
   - 工具：Looka、Canva AI、Midjourney、DALL·E
   - 功能：自動生成Logo、配色、海報、IG貼文、封面圖等

3. **產品與內容建構**
   - 工具：ChatGPT、Jasper、Copy.ai
   - 功能：撰寫產品描述、部落格文章、銷售頁、常見問題、SEO文案

4. **影片行銷與廣告製作**
   - 工具：HeyGen、Pictory、Runway、Descript
   - 功能：生成影片腳本、剪輯影片、轉語音、生成數字主播講解影片

5. **廣告投放與社群推廣**
   - 工具：AdCreative.ai、Ocoya、ManyChat、Zapier

- **功能**：生成廣告素材、自動化社群貼文、LINE／Messenger 機器人對話流程、轉換漏斗建置

6. **網站建置與自動接單**
   - **工具**：Framer AI、Wix ADI、Carrd、ShopifyAI
   - **功能**：一鍵生成網站、建構電商頁面、結合支付、串接自動回覆

7. **客戶服務與回應系統**
   - **工具**：Tidio、Freshdesk AI、ChatGPT嵌入式客服
   - **功能**：自動客服、常見問題回應、產品建議、退換貨流程處理

8. **數據追蹤與優化分析**
   - **工具**：Google Analytics＋AI報表生成、Plausible＋Notion AI
   - **功能**：監控流量、點擊率、轉換率，提供優化建議與報表彙整

熱門 AI 創業模式實例

模式類型	說明	代表工具
數位商品販售	販售電子書、設計模板、影片、AI模組	Gumroad, Canva, Notion AI
AI顧問服務	為中小企業提供AI導入建議與自動化流程建置	ChatGPT, Make, Airtable
自媒體×AI產能	利用AI大量產出短影音、圖文、教學內容，經營YouTube/IG帳號	Pictory, ChatGPT, Synthesia
迷你電商×自動客服	建立利基市場電商，搭配AI客服、AI文案、AI廣告組合	Shopify AI, AdCreative.ai
線上教學×數字人講課	用AI數字講師建立教學品牌、販售線上課程	HeyGen, Teachable

這些商業模式不需要辦公室、不需要員工，甚至無需親自拍攝，只要有一個主題或知識，就能打造高效自動營運的微型企業。

個人創業者的 AI 工具組合建議（入門款）

功能	推薦AI工具
創意與策略	ChatGPT、Claude、Writesonic
品牌與設計	Looka、Canva、Midjourney
影片製作與數位人	HeyGen、Runway、Pictory
行銷與廣告文案	Copy.ai、Jasper、AdCreative.ai
自動貼文與社群排程	Ocoya、Buffer、Zapier
網頁與電商頁面建構	FramerAI、Shopify Magic、Notion + Super
客服與對話系統	Tidio、Chatbase、Freshdesk AI

這些工具多數皆有免費方案或試用機制，對於想要「邊做邊學」的創業者來說非常友善。

真實案例分享

案例1：一人經營的 AI 商品店

- 利用 ChatGPT 生成產品說明與行銷文案
- 使用 Midjourney 製作獨特商品圖與包裝風格
- 商品上架 Shopify，自動化接單與金流
- 透過 HeyGen 拍攝介紹影片並搭配 Meta 廣告投放
- 每月營收穩定達 NT$150,000，團隊成員僅本人＋AI工具組

案例2：教學顧問開發 AI 知識品牌

- 整合 ChatGPT + Notion AI + Teachable
- 建立一套「個人品牌建立術」線上課程，所有內容由 AI 協助生成

- 配合 Synthesia 生成講師影片，提升專業度與溝通力
- 月訂閱學員超過 300 人，打造穩定現金流與高信任社群

🎯 AI 自動化創業的優勢與挑戰

面向	優勢	挑戰與因應
成本	幾乎零人力支出、工具多為低月費	工具整合需學習，建議先建立最低可行模型 MVP
速度	產品可在一週內從概念誕生到上線	市場驗證需真實測試，避免只做出「好看但無需求」的內容
規模化	可快速複製模型、拓展產品數量	需思考長期差異化與品牌定位，避免陷入「同質化競爭」
可持續性	系統自動化程度高，可建立長期資產與內容積累	AI 輸出品質依提示詞精細度，需持續優化 Prompt 與流程設計

🎯 AI × 自動創業的未來趨勢

1. AI SaaS 個人創業者大量崛起

每個人都能以訂閱制方式提供微服務（例如：AI 簡報產出、AI 文案優化）。

2. 平台化與模組化產品增加

不再是打造「一個品牌」，而是推出多個小品牌並自動管理流量與轉換。

3. 多語言 AI 創業出海

同樣一個 AI 建構的網站／產品／頻道，可自動翻譯並打入不同國家市場。

4. Prompt 工程成為新專業能力

如何精準下指令成為產品開發力的關鍵門檻，決定你能否「用AI開出真正有價值的東西」。

🎯 一個人也能創造一個自動運轉的智慧事業體

AI不只是創意工具，更是一套可組裝、可複製、可優化的商業引擎。從創業發想到產品上架、行銷投放到客服回覆，你都可以用AI打造出一套低成本、高彈性、高效率的商業系統。

不必懂程式，不必會設計，不必會拍片——只要你有主題、有洞察、有願景，AI會幫你完成剩下的80%。

這，就是AI自動化創業的魅力與時代紅利。

Part 4 AI 未來願景

★ ★ ★ VISION ★ ★ ★

AI 的終點，不只是技術，而是重塑人類社會的藍圖。

未來的教育、人才、企業與經濟體，將如何在 AI 引領下進化？本章將引導您展望 AI 所構築的未來世界。我們將探討 AI 如何重塑人類社會與經濟結構，提升個人與企業的價值，並勾勒出 AI 創富的嶄新模式。同時，我們也將探討 AI 對教育與人才培養的深遠影響，並分享「AI 創富學院」的願景與構想。

VISION 1

AI重塑人類社會與經濟結構

AI將如何改變全球產業、生產力模式、勞動力市場，
以及個人與企業的競爭方式？

🎯 重新定義工作的價值核心

當人們討論人工智慧（AI）將帶來的最大影響時，焦點往往集中在「哪些工作會被取代」。但在更深層的視角下，AI真正帶來的，不僅是職業淘汰，而是一場技能與價值的轉移革命——它正在改寫我們對於「何謂有價值的工作」的根本理解。

這場革命不是單純的技術更新，而是每個職業背後邏輯的重構。AI不只是取代人力，它正在重新定義「人」在經濟體系中的角色。

🦻 技能價值從「重複效率」轉向「判斷與創意」

過去的職場邏輯講求的是效率、準確與標準化，因此會操作系統、複製流程、完成重複任務的人力被廣泛需求。但這正是AI最擅長的事。舉例來說，行政助理長期依賴「快速打字、整理資料、撰寫報告」等技能生存，如今ChatGPT可在幾秒內完成報告草稿；表格彙整與報告分析工作，也可被Notion AI或Excel Copilot自動完成。

這代表什麼？未來的職場價值，不再是你會多少「工具操作」，而是你能否給出「有意義的選擇與方向」。

「工作內容」正在消失，但「問題解決者」被高度需求

我們正邁入一個新現象：「工作職稱」會越來越模糊，「解決問題」的能力則被高度聚焦。

例如，傳統行銷企劃可能需要花幾天完成一份提案，從市場分析、文案撰寫到設計構思，現在AI可在一天內產出三套版本。但關鍵是，誰能判斷這三套方案中哪一套最適合目標受眾？誰能定義核心訊息與品牌調性？這部分，依然是人類的強項。

AI能「完成任務」，但它無法「判斷策略」。這正是新的價值分野：AI處理資訊，人類主導決策。

經濟價值正向「跨界能力者」集中

在AI全面參與生產力的時代，最具競爭力的不是「技術最純熟者」，而是能將多種技能組合應用的跨界人才。他們擅長將科技工具與產業脈絡結合，快速構建出解決方案。例如：

- 「懂教育」+「會用AI工具」的人，可以設計新型態線上教學平台；
- 「熟悉時尚」+「會用Midjourney設計圖樣」的人，可以打造自己的潮牌；
- 「了解心理學」+「會使用Chatbot工具」的人，可以開發情緒輔導產品。

這樣的人才，不一定會寫程式、不一定是設計師，但他們知道如何

整合 AI 工具來創造商業價值。他們是「智慧整合者」，而非單一技能的執行者。

職業發展邏輯將從「一條線」變成「網狀模式」

在工業時代，我們的職涯發展模式是線性的：從助理到主管、從業務到總監，沿著一條明確路徑前進。但 AI 時代的職場趨勢，更像是一張網。

知識與技能的獲取不再受限於科系、資歷與工作年資，而是來自即時需求驅動的「模組式學習」：今天你可能因為使用 AI 寫文案而接觸到行銷邏輯，明天因為數據視覺化需求而學會了資料分析，接著又因自動化任務而進一步學會 Zapier 流程設計。

換句話說，AI 時代的職涯升級邏輯是：「哪裡有問題，你就去哪裡學習並解決它」，不斷拓展你的價值網絡，而非等待升遷階梯出現。

個人創業與微型經濟的爆發點

當 AI 工具普及，一人可執行過去三至五人團隊的工作，這也大大解放了「個人創業」的實行條件。

透過 ChatGPT 撰寫文案、使用 HeyGen 製作影片、用 Canva 完成設計，甚至用 Shopify AI 開設網店或自媒體課程平台，個人就能建立起一套完整的產品與變現流程。這類「智慧型創業」正成為新時代最具潛力的經濟型態。

與其進大公司被 AI 替代，不如利用 AI 反過來成為「創業副駕駛」，創造屬於自己的品牌、內容與顧客關係。

職場安全感來自「轉譯能力」與「應變敏捷」

未來的職業風險，不再取決於產業穩定性，而是你是否具備將問題「轉譯為解法」的能力。AI不會停止進化，也不會保證任何技能永久有效，唯一能讓你不被淘汰的，是你能否不斷轉型、不斷自學、不斷創造價值。這不只是學習新工具，更是學會「用舊知識打開新機會」的思維彈性。

你不是被AI取代，而是被「會用AI的人」取代

未來的世界不是AI VS Human，而是「會用AI的人」與「不會用AI的人」的差距拉開。

你無需成為工程師，也無需寫一行程式，但你必須學會和AI共事、讓AI成為你創造價值的助手。

當你能用AI幫你放大創意、補上技術、連接流程、啟動商業，你就成了新時代的真正贏家。

無人化時代——重新定義生產力與組織結構

在AI技術與自動化系統的推動下，「無人化經濟」不再只是科幻小說中的概念，而是全球產業轉型中的現實。從無人車、無人機到智慧工廠、無人超商、智能診療系統，AI正在用演算法與機器取代人類勞動的每一個環節。

但這場變革的核心，並不只是「不用人」，而是對「人應該扮演什麼角色」的根本重構。在這個新時代，生產力的定義將不再是「工時 × 勞動力」，而是「AI運算 × 系統整合 × 創意輸出」。

無人化經濟的六大典型應用領域

1. 無人運輸與物流

自動駕駛汽車與無人機配送已在美國、中國與中東地區逐步上路。Amazon PrimeAIr、Wing（Google旗下）等企業正在測試無人機宅配；特斯拉與Waymo正持續推進Robotaxi業務。

★影響：司機、外送員、貨運員等大量崗位將被重新定義，轉向設備維護、數據監控與交通協調職位。

2. 智能製造與無人工廠

德國與日本的大型製造商早已推行「工業4.0」戰略，導入AI監控、機器人手臂與自動化流程。中國的「黑燈工廠」代表了完全無需人工操作的生產模式。

★影響：傳統的產線工人逐步退場，取而代之的是少數高技能操作員與維修工程師。

3. 無人商店與無人餐飲

Amazon Go、阿里巴巴的盒馬鮮生，以及台灣的全家智能櫃檯，已證明無人商店的可行性。顧客可自動入店掃描、選品、付款、離場，全程無人值守。

★影響：收銀員與櫃檯人員需求大幅下降，品牌競爭力轉向「後端技術力＋數據運營能力」。

4. 智能醫療與遠距診斷

AI能快速分析X光、CT、基因數據，給出初步診斷建議，搭配遠距看診平台（如Teladoc、Ping An好醫生）已大幅縮短醫療等待與人力壓力。

★影響：醫療現場中，AI協助基層醫療決策，醫師角色朝向「複雜判斷」與「患者溝通」集中。

5. 無人寫作與媒體產製

AI可自動生成新聞、腳本、行銷文案，甚至電影分鏡、廣播節目內容。Netflix、Bloomberg、Buzzfeed均已導入AI生成內容的流程。

★影響：內容創作者轉型為「創意總編」與「品質監製」，重複內容創作將完全交給演算法。

6. 金融與行政流程自動化

AI可自動處理核貸流程、財務報表審查、合約初審與帳務對帳，許多Fintech公司已透過機器學習處理超過60%以上的業務流程。

★影響：會計、法務助理、審查人員等基礎職位面臨重塑，企業傾向打造「高思維密度」的精簡團隊。

無人化的真正核心：讓人力回到創造與決策層

AI並不是敵人，而是解放者。它取代的是「重複性」、「流程性」與「標準化」的任務，讓真正有價值的人力資源被釋放出來，用於更高層次的思考與創造。

未來的組織不再以「員工總數」定價值，而是以「每一人能產出的創新價值」來評估。

企業將出現以下變化：

傳統企業邏輯	無人化企業邏輯
人多＝產能高	工具好 × 系統快＝產能高
垂直管理、多層級組織	扁平組織，強調任務導向與自主管理
工作內容明確、專職執行	角色多變，專案導向，跨界整合力為王
管理人力、排班、指令	管理AI流程、數據邏輯與技術組合效率

無人化趨勢對個人與企業的雙重挑戰

對個人：
- **挑戰**：若仍以「工時換收入」、「技能單一」、「執行者心態」為職涯邏輯，將快速邊緣化。
- **因應**：轉向「思維×技術×創意」的複合型人才，成為能整合AI的專案主導者。

對企業：
- **挑戰**：內部結構若仍依賴大量人力作業，將被同業AI自動化者迅速超越。
- **因應**：重建人才配置、流程設計與工具堆疊，轉向以AI為核心的智慧型營運。

未來的「工作」會長什麼樣子？

1. 不再朝九晚五，而是「任務制、目標導向」
2. 人機共事成常態，每人都有AI助理、AI分身
3. 知識與技能的獲得將持續即時、快速、模組化
4. 企業將大量採用外部AI勞務，甚至由平台完成整包專案執行

AI無人化的商業紅利：誰會是下一波創富者？

新興角色/商機	說明
AI自動商店經營者	小成本經營無人櫃位，運營靠AI客服、AI補貨
流程自動化顧問	為企業規劃如何用AI改造內部SOP與人力配置
智慧工廠系統整合商	提供製造業AI＋IoT一體化方案
數字人/虛擬主播開發者	協助品牌快速建立無人行銷或客服前線
AI醫療平台/健康數據服務商	提供健檢報告AI解讀、遠距問診、個人健康分析

無人化不是終點，而是人類升級的起點

無人化經濟並不是要消除人力，而是要釋放人類最強大的價值——創造力、判斷力與想像力。

未來將不再是誰擁有最多人力，而是誰能最快、最靈活、最智慧地運用 AI 工具與技術流程，建立一個「高智商×高彈性×高獲利」的商業系統。

在這場生產力的重定義競賽中，你準備好不只成為「不被取代的人」，而是那個利用無人化技術創造未來的人了嗎？

從科技壟斷走向全民共創

人工智慧正以前所未見的速度重塑全球經濟版圖。無論是智能製造、金融科技、醫療創新還是內容產業，AI 為人類帶來巨大的生產力提升與創富機會。然而，這場變革背後也隱藏著巨大的社會風險：AI 所創造的經濟紅利，並未平均落實到每個人身上。

我們正處於一個關鍵的歷史節點——是讓 AI 成為少數資本壟斷的工具？還是讓它轉化為全民共享的成長引擎？

這不只是經濟問題，更是社會穩定與未來公平的核心議題。

AI 如何加速財富極化？

1. 技術掌握者的「資本擴張效應」

科技巨頭如 Google、Microsoft、OpenAI、Amazon，因擁有龐大算力、資料庫與工程團隊，能快速將 AI 應用商業化並壟斷市場。一旦模型優化完成，便可用極低邊際成本複製至全球，快速收割使用者與資金。

這意味著：越有錢、越懂技術的人，能越快放大AI的價值；而不具備技術者則成為消費者與被取代者。

2. 勞動市場的「中產擠壓效應」

AI大量取代中階職能，如客服、行政、初階分析師、文書處理等，導致中產階層的職業安全遭到動搖。過去靠技能穩定收入的知識工作者，現在正面臨「被AI部分取代但薪資不升反降」的現象。

結果是：上層收入快速成長，底層壓力日增，而中產逐漸萎縮，社會階級逐步固化，向下流動性下降。

若不干預，未來將出現什麼樣的AI階級斷層？

1. **AI貴族階層**：掌握平台、模型、資料、演算法與投資能力，成為新型資本巨擘。
2. **技術中產階層**：能操作AI工具、具備Prompt Engineering能力的自由接案者與創業者。
3. **被動使用者階層**：只會用AI來搜尋或娛樂，無法產生實際商業價值的人口。
4. **被排除者階層**：無法適應AI生態、無數位素養者，甚至無法參與未來勞動市場。

這樣的結構將導致「知識的資本化」、「階級的科技化」，最終形成數位鴻溝的財富陷阱。

解方：推動「AI公平經濟」的三大策略

策略一：教育再設計——人人皆能上手的AI素養革命

📍 **從學校做起**：將AI工具的使用、數據判讀與創意應用納入基礎

教育中。

- **全民終身學習**：政府與企業推動 AI 公民培訓課程，讓農夫、工人、長者都能理解並操作基礎 AI 工具。
- **職能轉型導向課程**：不再教「程式語法」，而是教「如何與 AI 協作」，讓每個人都能成為創作者或分析者。

（關鍵轉換點）從「學程式」轉為「學會指揮 AI 工作」。

策略二：技術平權平台──讓每個人都能用 AI 開始創業

- **開源模型與低門檻工具普及**：支持如 Hugging Face、Stable Diffusion、OpenRouter 等公開工具生態，打破技術壟斷。
- **國家或地區級 AI API 平台**：讓中小企業、創業家用極低價格存取 AI 模型，平等參與市場競爭。
- **工具普及 ≠ 知識落差**：必須同步提供教學資源與操作流程，避免「只懂用但不懂做」的消費型使用者困境。

★ 重點不是免費，而是教會「如何創造價值」的使用方式。

策略三：財富共創機制──AI 資本的再分配與回饋

- **資料價值回饋制度**：使用者貢獻的數據若被 AI 模型使用，應設立「資料分潤機制」，讓創作者與群體得利。
- **平台共營利模式**：讓 AI 內容平台的使用者可以參與利潤分配，例如：YouTube 上的 AI 編輯、社群共創模型。
- **全民股權制度與科技稅**：對高營收 AI 平台課徵「科技使用稅」，回饋於公共教育與基礎設施建設。

★ 用「資料經濟共享」取代「數據資本霸權」。

全民創富的 AI 共創模式：哪些人可以受益？

類型	受益方式	所需條件
自媒體創作者	使用 AI 自動生成文案、影片、配音內容，提高產量與收入	基本操作能力＋數位行銷思維
小型商家經營者	用 AI 製作廣告圖、產品描述、客服與訂單回應，節省人力成本	願意學習工具使用＋開放心態
在地產業創業者	整合 AI 應用於農業、生技、教育、餐飲等領域，創造新服務價值	結合本地知識與 AI 應用的創造力
自由接案者／講師	成為 AI 講師、顧問、模組設計者，提供課程或客製服務	技術整合能力＋溝通與變現邏輯

AI 紅利不是天生就不公平，而是看誰能懂得如何連結這套系統與社會價值。

若不改變，可能出現的社會風險

- 技術菁英與基層民眾間的知識斷裂
- 貧富差距轉為「能否使用 AI」的差距
- 反科技情緒高漲，出現「數位排斥運動」
- AI 平台壟斷導致創新停滯與競爭扭曲

科技不是萬靈丹。沒有公平制度的科技，只會複製舊的不平等，甚至讓它加速發生。

讓 AI 為全體服務，而非為少數服務

AI 的確可以創造前所未有的財富，但如果不正視結構性不平等，它將加劇社會分裂與階級僵化。我們不是該問「AI 能做什麼」，而應

該問：

> 我們要怎麼設計AI的未來，
> 讓它成為全人類共享的智慧資產？

這場革命的關鍵，不是模型精度，而是分配結構。當每個人都能因為AI而變得更自由、更有能力創造價值，這才是真正的「智慧社會」。

全民創富，從使用AI的權利與機會開始。

AI如何提升個人與企業價值

AI不是威脅，而是機會。

如何讓AI幫助個人成長，提升競爭力，甚至賦能企業發展？

個人自我增值的AI策略

AI時代不是只有科技業者的舞台，而是每一位個人都能參與的舞台。當大型企業運用AI自動化流程、提升營運效率的同時，個人也能藉由AI重新設計職涯路徑與收入來源。關鍵在於：你是否懂得善用這些工具來放大自己的價值。

這裡我們不談艱深的技術，而是要從一個普通人能落地實行的角度，說明如何透過AI工具強化技能、打造品牌、創造斜槓收入與個人商業價值。

善用AI工具：從日常效率到專業表現的飛躍

第一步的自我增值，不是寫程式，也不是學演算法，而是學會使用AI工具做對的事。以下是幾個高影響力的應用場景：

工具	應用範圍	實際好處
ChatGPT	文案撰寫、報告生成、知識查詢	提高輸出速度、邏輯結構完整
Notion AI	筆記整理、任務規劃、專案協作	減少會議摘要與行政瑣事的耗時
Midjourney / DALL·E	圖像生成、創意發想、品牌設計	設計出令人驚艷的封面圖與廣告圖，無需美術基礎
Runway / Pika Labs	自動剪輯、影片生成、簡報動畫	快速製作專業級影片內容，適合教學或社群行銷

如果說20世紀是「會打字的人脫穎而出」，那麼21世紀就是「會用AI工具的人創造價值」。

從執行者到整合者：建立你的AI協作工作流

在AI的幫助下，你不再只是「輸出者」，而是成為流程的設計者與整合者。以　位內容創作者為例，AI可以幫他：

1. 用ChatGPT拿到影片腳本初稿
2. 用Midjourney製作縮圖與標題圖
3. 用Runway剪出轉場、字幕、自動對焦
4. 最後用Notion整理發布排程與留言回覆腳本

他只需聚焦在「創意構思」與「決策優化」上，而不是被流程拖著走。這種AI協作工作流，正在變成個人創業與自由接案的標準配備。

從技能轉型到價值轉譯：建立AI時代的職場優勢

未來職場的競爭，不是你「會什麼工具」，而是你「如何把工具用

得比別人更有商業價值」。這裡有三個關鍵轉型策略：

1. 建立 AI 導向的專業定位

原始職能	AI加值轉型後的新定位
行銷企劃	AI行銷策略設計師（AI幫你分析數據＋生成文案）
平面設計	AI品牌視覺顧問（結合 Midjourney ＋商業理解）
教育工作者	AI學習體驗設計師（整合AI輔助教學與課程變現）

你不需要變成工程師，只要將 AI 視為「工具箱」的一員，就能重新詮釋自己的價值。

2. 鍛鍊 Prompt Engineering 能力（提示語設計）

這是新時代的核心技能之一，能讓你用一句話操控 AI 工具完成複雜任務。例如：

📍 將「幫我寫一份產品介紹」→「請用500字、以解決痛點為導向、採用 AIDA 格式，介紹這款針對25～40歲職場女性設計的益生菌保健品」。

★ 設計提示的能力＝讓你成為「AI 的駕駛者」而不是「乘客」。

3. 結合資料應用與決策判斷力

善用 AI 分析 Google 趨勢、社群回應、銷售數據，將資料轉換為策略建議，這類技能正在被所有中小企業與個人品牌所渴求。即便你不是數據科學家，也能透過 AI 輔助理解並提出行動建議。

🧠 個人品牌打造：從創作工具到變現平台

個人品牌不是名氣，而是你能否讓外界「信任你能提供價值」。在 AI 時代，打造個人品牌的步驟已經簡化：

1. **選定主題與定位**：AI設計輔助者、健康自媒體經營者、自由寫手教練⋯⋯
2. **輸出內容與專業認知**：使用AI工具快速建立文章、影片、電子書。
3. **建立社群與信任**：用ChatGPT生成貼文排程與互動腳本。
4. **變現與商業模式**：推出數位產品、會員訂閱、諮詢服務。

你可以是內容創作者，也可以是「AI協作型專業人士」。關鍵是找到你會的專業＋AI提升後的價值，打造差異化定位。

個人創富策略：結合AI的四種收入來源

收入來源類型	舉例	所需能力
數位產品	錄製線上課、販售AI模板、提供設計素材	工具應用＋基礎變現邏輯
顧問與教學	教別人用AI剪影片、做廣告、寫簡報	耐心教學＋組合應用力
自媒體收入	YouTube變現、TikTok導流、社群聯盟行銷	建立內容流程＋策略推廣
自動服務	Chatbot客服系統、AI知識庫建構服務	流程設計＋案件經營

你不一定需要創建一家公司，但一定要打造能自動輸出價值的系統，而AI就是最佳工具。

讓AI成為你價值的放大器，而非替代者

AI不是威脅，而是邀請你升級的機會。

你可以選擇等它來取代，也可以選擇現在就讓它變成你的超能力。

那些善用AI的個人，不僅工作效率高、創意產能強，更能用更少的時間換取更多的成就與收入。

在這個AI領航的時代，每個人都該問自己一句話：

> 你是被AI取代的人，還是使用AI改寫人生的人？

這一切，從學會用第一個工具開始，從你今天寫下的第一個提示語開始。

🎯 AI為企業賦能──從營運到決策的升級武器

在AI的助力下，企業營運的邏輯正在根本性轉變。AI不再只是技術部門的實驗工具，而是整體營運升級的核心武器。從流程自動化到精準行銷，從供應鏈預測到決策建議，AI正幫助企業「減少重複、提升精準、縮短反應」，最終打造一個更敏捷、更高效、更能創造價值的商業體系。

以下將帶領您深入了解：AI在企業中的主要應用場景、落地實例與導入策略，協助企業主與經理人掌握AI為營運加速的五大關鍵。

一、營運流程優化：AI為內部效率插上翅膀

AI在營運層面的應用，首先體現在行政、客服與資訊處理等基礎性工作上。這些過去仰賴大量人力處理的項目，如今可透過自動化工具完成，不僅節省成本，更降低錯誤率。

應用實例：

📍 **自動客服與智能回覆**：像ChatGPT或Dialogflow可部署成企

業內的聊天機器人，負責處理常見問題與基本服務查詢。

📍 **文件處理與分類**：使用 AI OCR（光學字元辨識）系統，快速將紙本文件或掃描圖檔轉為結構化資料，並自動分類歸檔。

📍 **報表自動生成與預測分析**：AI 可每日自動整理銷售數據、財務報表，並預測未來趨勢，協助主管提前布局。

成果轉換 一家中型製造業導入 RPA（機器人流程自動化）與 AI 報表系統後，行政部門工作量降低 40%，錯誤率下降 65%。

二、行銷與銷售強化：AI 成為業績加速器

在行銷領域，AI 不只是工具，而是策略夥伴。從瞭解客戶、設計內容，到判斷最適投放時機，AI 可協助企業用更低成本換取更高轉換。

AI 在行銷的應用面：

功能區塊	AI 應用方式
目標客群分析	AI 根據購買紀錄、行為數據進行客群分群與預測需求
廣告優化	自動調整投放時間、標題、素材，提升廣告點擊與轉換率
個人化推薦	產品頁面自動根據使用者歷史推薦商品，提高客單價與黏著度
社群監測與語意分析	自動分析社群平台上的評論與情緒，快速回應潛在公關危機

成功案例：

📍 Netflix、Spotify 等平台即靠 AI 推薦系統提升留存與使用時長。

📍 Shopify 店家透過 AI 工具（如 Copy.ai、Jasper）自動生成商品文案與廣告腳本，每月省下超過 50 小時人工作業時間。

關鍵洞見 行銷不再是憑感覺，而是「用數據驅動決策」的新常態。

三、供應鏈與物流智慧化：從反應式到預測式管理

供應鏈管理的挑戰，在於多變與複雜。而 AI 擅長處理大量多維資料，因此成為供應鏈管理的理想助手。

三大應用範疇：

1. **需求預測**：AI 根據歷史數據、天氣變化、社群趨勢等參數，預測商品銷售週期與庫存需求。
2. **配送最佳化**：結合地理位置、交通狀況與即時訂單狀態，AI 可動態調整物流路線，降低配送延誤與成本。
3. **供應風險預警**：偵測潛在供應中斷風險，例如來自某特定地區的供應商延誤或政治干擾。

典型案例：

- Amazon 透過 AI 動態調度物流資源，使 Prime 配送能維持在兩日內完成。
- 餐飲品牌 Domino's 利用 AI 預測用餐高峰，提前調整備料與人力，避免浪費與延遲。

> **結果** AI 讓企業不只是「即時反應」，而是能夠「提前預測並部署」。

四、決策升級：從經驗決策到 AI 輔助智慧決策

企業的核心競爭力，最終仍回到決策力。AI 提供的不是「代替思考」，而是「放大思考深度與廣度」。

AI 決策輔助的應用範疇：

- **銷售預測與動態定價**：AI 可依照競品、需求與成本自動調整價格策略，提升利潤。
- **風險評估與資源分配**：模擬不同情境下的風險，提供多方案比

較依據。

- **人力資源優化配置**：預測員工離職傾向，建議教育訓練方向與組織架構調整。

企業領導人從過去的「靠直覺與經驗」決策，轉為「數據輔助＋AI模擬」做判斷，減少盲點與主觀偏誤。

五、導入策略：企業該如何啟動AI賦能之路？

導入AI不是一夕之功，而是需要結構性設計與逐步落地的工程。導入步驟如下：

1. **需求診斷**：由高階主管發起，評估企業痛點與AI適配性。
2. **流程選點**：選擇「高重複、高資料量、可量化產出」的業務先行試驗。
3. **工具整合**：選用低程式門檻工具，如Zapier、Power BI、ChatGPT企業版。
4. **人才培育**：內部設立AI推動小組，訓練「AI操作員」與「部門AI應用導師」。
5. **持續優化**：建立KPI評估指標，根據回饋持續迭代。

★ 不要一開始就導入最大系統，而應該先從「能快速出成效的局部痛點」著手。

AI不是選項，是競爭力的標準配備

未來的企業競爭關鍵，不再是誰的規模大、資源多，而是誰能更快、更靈活、更智慧地運用AI來重塑流程、強化產品與預測市場。我們正在進入一個「人力×AI」的協作時代：

> AI做重複，你做創意；AI給答案，你做決策。

這正是企業決勝未來的關鍵分水嶺。

🎯 從使用者到創業者——打造你的 AI 商業模式

當前，人工智慧正迅速重塑產業結構，從巨型企業的基礎建設到一般用戶的日常應用，無不受到 AI 的影響。然而，一個常見的誤解是：「AI 創業很高門檻，只能是工程師的遊戲。」

事實上，創業的本質從來不是「會不會寫程式」，而是「能不能解決問題」。當 AI 工具變得模組化、平台化，個人只要能熟練使用、整合並轉化成應用場景，就能打造具商業價值的服務或產品，開啟屬於自己的 AI 創業之路。

🐬 AI 創業的本質：從解決痛點開始

傳統創業講究「找到問題、開發產品、測試市場」，而 AI 時代創業的最大不同在於：

- 📍**開發速度快**：透過現成工具快速測試 MVP（最小可行產品）。
- 📍**成本超低**：幾乎不需工程團隊，也能做出自動化流程。
- 📍**規模可放大**：AI 工具可複製性高，產品容易 SaaS 化或內容平台化。

也就是說，只要你能找到一個痛點，就可以：

1. 用 ChatGPT、Notion AI 做內容／服務輸出
2. 用 Runway、Pika Labs 做視覺與影片輸出

3. 用Zapier、Bubble等工具自動化流程與打造網站
4. 串接OpenAI API或Midjourney，提供服務即平台

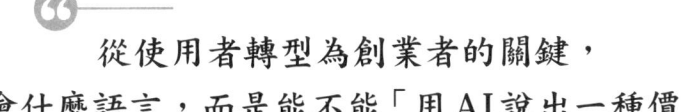

> 從使用者轉型為創業者的關鍵，
> 不是會什麼語言，而是能不能「用AI說出一種價值」。

三大熱門領域的AI商業模式範例

1. 教育創業：AI輔助學習平台

痛點：學生學習落差大、教師資源不足、課程缺乏個人化。

創業解法：

- 結合ChatGPT + Notion AI，打造「個人化學習筆記系統」
- 使用語音辨識與即時答題系統，製作「AI家教」應用
- 開設線上課程教人「如何用AI工具自學／轉職」

案例：Khan Academy推出「AI教學助手」，幫助學生根據答題行為自動調整教學重點與難度，提升學習黏著度與成效。

你可以打造小規模版本，針對特定學科或語言進行變現。

2. 顧問創業：AI工具＋垂直專業＝專屬解方

痛點：中小企業或專業人士無力整合AI，但又急需自動化工具提升效率。

創業解法：

- 專為某一產業設計ChatGPT提示語庫，並包裝成知識型產品
- 為健身教練／投資顧問／法律顧問建立AI諮詢助手
- 建立SaaS平台：如「法律問答機器人」、「理財模擬計畫工具」

案例：一些創業者利用 GPT-4 API 開發專門針對醫療／法律的 Chatbot，提供初步諮詢後導向真人，創造「半自動顧問」商業模式。

你也可以為某一行業製作 AI 範本＋教學課程，變成「行業內的 AI 賦能顧問」。

3. 自媒體與內容創業：AI 加速品牌打造與變現

痛點：創作成本高、輸出慢、競爭激烈

創業解法：

- 用 ChatGPT 寫影片腳本、商品文案、廣告內容
- 用 Midjourney / DALL·E 做封面圖、品牌形象圖
- 用 Pika Labs / Runway 快速產出 Reels / TikTok 影片
- 用 AI 配音工具製作多語版本，一人經營多語頻道

案例：許多 TikToker 透過 AI 寫腳本＋Runway 製作動畫影片，一天產出 10＋條影片，月觀看超過百萬，靠廣告與聯盟行銷變現。

從「做內容」到「賣工具」：AI 微創業變現模式

商業模式	說明	適合對象
課程＋知識產品	教人如何用 AI 提升效率、做設計、變現，賣 PDF、線上課程等	講師、自媒體人、有教學經驗者
範本＋SOP 出售	出售 ChatGPT 提示語、內容行銷模板、廣告腳本、履歷寫作包	自由工作者、職場導師、有整合能力者
服務型顧問業務	幫企業導入 AI 工具、流程設計、自動化規劃	行銷顧問、管理顧問、創業導師

Part 4 / AI未來願景

| SaaS / 訂閱服務 | 開發簡單應用（如報表生成器、內容助手），用API或No Code實作 | 熟悉工具整合者，有技術夥伴或經驗者 |

建議 從你自己會用的工具、熟悉的行業入手，先從「變成這群人的AI教練」開始！

打造你自己的AI商業模式畫布

可使用以下九宮格來規劃你的AI創業項目：

★目標客群★	★客戶問題★	★解決方案★
我要幫誰解決問題？（學生、自由業者、小企業主、講師……）	他們的痛點是什麼？（無法高效產出內容？不會用AI？沒預算請人？）	我要用哪個AI工具、怎麼組合？（ChatGPT寫腳本 + Runway剪輯）
★價值主張★	★收入來源★	★成本結構★
我的服務價值是什麼？（省時間、成本低、效果快、利潤高……）	怎麼收費？（一次性、訂閱、顧問費、聯盟行銷、平台利潤拆帳…）	有哪些成本？（AI API費用？廣告？工具訂閱費？）
★資源需求★	★推廣策略★	★成長機會★
需要哪些夥伴？（工具？協作平台？社群資源？）	如何觸及目標市場？（IG廣告？SEO？電商平台？內容行銷？）	後續可以擴展什麼？（自動化、產品化、成為SaaS、國際市場、多語版本？）

你不需要一次就有完美答案，AI創業的精髓是：快速測試、快速調整、快速擴張。

235

從使用者到創業者的心法轉換

心態	使用者	創業者
目的	完成任務	解決市場問題、創造價值
思考模式	我能用AI做什麼？	有什麼痛點可以透過AI來做？
時間配置	把AI當輔助工具	把AI當商業核心
輸出結果	做出漂亮簡報／文案／影片	做出商品、服務、平台、課程、系統
收益結構	節省自己時間／工作更高效	建立現金流、資產型收入、可擴張的商業模式

AI是你的創業合夥人

AI技術降低了創業的門檻，卻提高了創業的標準。現在人人都能創業，但只有「用對AI、選對問題、設計對流程」的人，能將創業轉化為規模化獲利。

你不需要等一家公司來雇用你——你可以自己打造一套AI＋個人品牌的商業模型，成為未來數位經濟中的小而強的創業者。

> 與其擔心AI會搶走工作，不如主動用AI搶佔市場。

這就是從使用者進化為創業者的真正意義。

AI創富的未來模式

AI如何開創新的財富模式,哪些AI商業機會即將爆發?

🎯 AI改變財富增值方式

當我們談論AI如何顛覆世界時,焦點往往放在它如何影響產業、工作與生活。然而,真正深層的改變正在另一個領域悄悄發生——財富的本質與增值邏輯。這場由AI引領的經濟變革,正讓我們重新思考一個根本問題:

> 資產是什麼?財富要靠什麼創造與保值?

傳統資產如土地、股票、黃金與現金,仍然穩居主流,但越來越多新型資產正在崛起,並受AI技術深度驅動。這些「智慧型資產」或「AI衍生資產」,正逐步建立起一套與傳統金融市場平行運作的系統,從個人投資者到機構資金都已積極布局。以下,我們將從三個面向分析這場變革:

📍 AI創造的新資產型態

- AI提供的新型投資工具
- AI帶來的新財富策略思維

AI新資產型態：數位內容也能變現成財富

1. AI生成NFT：從創作到資產的轉化

AI圖像生成平台如Midjourney、DALL·E，以及音樂創作平台AIVA、Suno，讓一般人也能創造獨一無二的數位內容。這些內容一旦上傳到NFT市場（如OpenSea、Foundation），便可鑄造成具稀缺性與所有權證明的「數位資產」。特點如下：

- **可轉讓、可交易**：每個NFT都具備獨立價值與歷史交易紀錄。
- **版稅收益機制**：創作者在每次轉售中皆可獲得分潤。
- **去平台化創作**：無須依賴YouTube、IG或音樂平台也能創造現金流。

這等於讓創意內容本身「去中心化地金融化」，不再只是興趣，而是可交易、可投資、可資產化的商品。

2. 虛擬人資產與數位品牌IP

AI數字人技術（如HeyGen、Synthesia）讓品牌可以創造出虛擬主播、數位代言人或虛擬偶像，這些角色擁有明確形象與市場影響力，逐漸演變成「品牌型資產」。例如：

- 虛擬直播主可與觀眾互動，創造流量與收入
- 虛擬代言人能出現在廣告、影片、甚至跨品牌合作中
- 這些「AI角色」甚至可被企業註冊為品牌資產，轉賣或授權

這不只是創意的延伸，更是「IP金融化」的另一種形式。

AI投資工具的進化：人人可參與的量化世界

1. AI量化交易系統：讓演算法自動為你賺錢

傳統的股票投資仰賴經驗與情緒，AI量化交易則改變了這一切。透過大數據與即時演算，AI能：

- 掃描全球市場新聞與財報資料
- 分析技術指標與過往交易行為
- 快速執行買進與賣出，避免人為失誤

AI不僅跑得快，更「看得廣、判斷得穩」，幫助投資者避開波動陷阱。例如：Alpaca、Kavout等平台提供API接口，讓開發者打造自己的量化機器人；Robo-advisor（機器投資顧問）像Wealthfront、Betterment，針對散戶設計自動資產配置與再平衡。

你不必是金融專家，也能參與曾經專屬機構的投資策略。

2. AI驅動的加密貨幣工具

AI在區塊鏈投資中的角色也日益重要：

- **交易訊號預測工具（如Token Metrics）**：利用社交媒體熱度、價格趨勢與市場情緒進行自動預測。
- **智能風控模型**：主動識別異常波動，提出閃電貸或Rug Pull（地毯式詐騙）的預警。
- **投資組合再平衡系統**：根據用戶風險屬性與幣圈波動自動調整配置。

這些工具讓原本極度波動而且高門檻的DeFi投資變得更安全、更理性。

新策略思維：AI時代的財富邏輯轉向

AI財富創造邏輯，與傳統思維最大不同在於「主動性」、「資料優勢」與「可擴張性」。

思維面向	傳統投資人	AI智能投資者
投資邏輯	靠經驗、聽消息	靠數據、靠演算法
資產來源	買地、買房、買股票	建立數位資產、租算力、打造AI工具
收益模式	年報酬 5~10%	可放大、可倍增、可自動化
收益節奏	等升值、慢變現	即時變現、持續更新
創富思維	「資產是花錢買的」	「資產是用工具做出來的」

未來的資產不僅僅是買來的，更是「設計出來的」與「自動生成的」。例如：

- 一套用AI生成的課程，可成為平台上的數位資產，持續產出現金流
- 一個虛擬角色或IP，一經打造就可自動透過聯名合作賺取授權費
- 一個自動化量化機器人，即使睡覺時也能替你盯盤與執行策略

AI金融生態系正在成型

我們正站在一個新型「AI金融生態」的起點：

元件	說明
AI建構平台	提供生成圖片、語音、影片、文字等創作工具（如OpenAI、Runway）

資產上鏈平台	NFT發行與交易平台（OpenSea、Foundation、Zora）
金融操作工具	量化交易、智能投資顧問、訊號分析平台（Token Metrics、Alpaca）
變現與社群平台	自媒體平台、社交商務平台、線上課程平台（YouTube、Teachable）
自動化商業基礎建設	API、SaaS、No-code 工具（Zapier、Bubble、Stripe）

透過AI，個人與小型團隊也能像企業一樣建立完整商業系統，你不是消費者，而是創造者與投資者。

掌握AI財富思維，才是未來的最大紅利

AI時代的財富，不再取決於你擁有多少錢或股票，而是：

- 你能不能創造一個可自動產生收入的數位資產
- 你會不會使用AI工具創造價值或節省時間
- 你是否掌握未來投資工具與平台的使用方式

> 不學AI，會錯過下一波資本紅利；
> 不布局AI，未來的投資再努力也只是原地打轉。

現在就行動起來，用AI創造你的第一個數位資產、第一份被動收入、第一波槓桿現金流。

這，才是未來真正的財富自由起點。

創業家的角色將被重新定義

長久以來，「創業」總被認為是高風險、高門檻的活動。創業者要具備資金、人脈、技術、經營管理能力，還要能撐過長期虧損期。過去創業成功的故事，往往與「苦幹實幹、長期投入、團隊合作」畫上等號。

但AI時代的到來，正在徹底重構創業的邏輯與角色定位。

現在，創業可能不是「一群人開公司」，而是「一人＋AI工具」，用極低的成本創造極高的槓桿。從產品開發、行銷、客服、財報到用戶管理，AI工具可自動完成80%的重複性與流程性工作，而創業者只需專注在創意、整合與決策。

我們正迎來一個新的時代：AI自動化創業時代。

創業不再需要團隊，AI就是你的合夥人

傳統創業的五大基礎資源是「人、錢、產品、客戶、流程」。在AI的支援下，這些資源的門檻大幅下降：

傳統創業關鍵項目	AI替代解法
團隊人力	ChatGPT（文案）、Runway（影片）、Zapier（自動化）
技術開發	AutoGPT、AgentGPT、No-code 工具
行銷推廣	Jasper AI（文案）、MetaAI Ads Manager
客戶服務	AI聊天機器人、語音助理（如Tidio、Freshchat）
財務與營運	Quickbooks、Notion AI、Excel Copilot

一個創業者加十個AI工具，就能撐起過去需要五人團隊完成的事。這就是「一人公司」時代的核心：不是用人堆出效率，而是用AI擴張

能力邊界。

三種新型創業模式的誕生

1. AI自動管理公司：流程全自動，決策留給人

創業不再需要自己天天跑業務、看報表、回覆訊息。你可以：

- 設定好行銷流程，由AI自動投放廣告、追蹤點擊、優化轉換。
- 將銷售／報價／客服整合成一套自動對話流程（如ManyChat＋ChatGPT）。
- 使用Notion AI每天自動整理財報、行銷數據與待辦事項。
- 透過Zapier將訂單、顧客資料、庫存整合在一起，自動發信與出貨。

創業者不再是「操作者」，而是「指揮者」。你負責定策略、設KPI，AI幫你執行並回報。這種企業架構小而靈活，但反應極快，特別適合自由創業者與微型品牌。

2. AI產品開發者：從創意到SaaS，零技術也能造平台

過去，開發一個App或SaaS平台需數十萬資金與一整組工程團隊。現在，透過：

- **AutoGPT / AgentGPT**：輸入需求目標，即可指派AI自行搜尋資料、整合資料、生成代碼。
- **Bubble / Webflow / Glide**：No-code平台快速建網站或App。
- **OpenAI API ＋ ChatGPT Plugin**：將AI能力整合進你的小工具中，形成可販售產品。

舉例：

- 一位設計師可建立「AI名片設計工具」並以訂閱制販售。

📍 一位英文老師可設計「AI練口說練習平台」自動生成對話練習。
📍 一位理財顧問可用GPT模型製作「財務模擬計算器」服務平台。

產品不再需要工程師堆出MVP，而是「AI幫你寫出初版產品，你再疊加價值」。

3. AI創業顧問：你是知識擁有者，AI是解決方案

許多中小企業老闆、專業自由職業者，其實對AI工具有興趣但不會用。這正是你可以切入的地方：

📍 **教育業者** → 幫補教班建立AI學習系統
📍 **醫療業者** → 用AI自動化病歷輸入與追蹤提醒
📍 **零售業者** → 幫商家建立AI客服、庫存預測系統
📍 **保險顧問** → 協助製作自動生成保單解說與客戶建議書模板

你不需要自己開公司，只要「組合專業知識＋AI工具」，打包成服務方案或顧問包，就能開啟「高毛利、高信任、高槓桿」的新事業。

🧠 創業槓桿的重新定義：少錢、少人，但不等於小夢想

AI自動化創業的魅力，在於它打破了「大公司才有資源、個人只能做外包」的限制。

傳統思維	AI創業時代思維
多人才能完成	一人＋AI工具可完成全流程
沒錢開發產品就不能創業	有創意、有知識，就能用工具快速打樣與變現
不懂技術無法做平台	No-code＋AI工具讓非技術者也能建產品
要大量人力維運	自動化＋訂閱模式讓收入穩定而規模可放大

> 不再是創業撐十年才有結果，
> 而是「30天做出MVP，3個月開始變現」。

這種變革，讓更多創業者可選擇「慢槓桿」，即在不放棄正職、不借貸、不壓力爆棚的情況下，小規模啟動、高效率測試、低風險試錯。

AI自動化創業的實際路徑建議

☑ 步驟一：選定你熟悉或有熱情的領域

教育、健康、理財、行銷、旅遊、文創皆可，不需是專家，但要願意深入了解產業問題。

☑ 步驟二：選定1～3款AI工具並練熟用法

- 文字工具：ChatGPT、Copy.ai、Jasper
- 圖像／影片工具：Midjourney、Runway、Pika
- 自動化／整合工具：Zapier、Make、Bubble

☑ 步驟三：設計一項微型產品或服務

例如：「AI自傳寫作教練服務」、「AI個人品牌封面設計包」、「AI學習筆記系統」。

☑ 步驟四：啟動小規模測試與行銷

用Canva製作簡報、影片推廣，開個Landing Page＋Line官方帳號或Discord群組，對30個潛在客戶試賣或試用，快速獲得市場反應。

☑ 步驟五：優化流程、自動化經營、逐步放大

加入Chatbot、RPA流程工具讓接單、服務、報價都自動化，開始接案／開訂閱／販售數位產品，迭代更新，逐步轉為平台型或課程型創業。

AI將創業回歸「個人熱情」與「創意槓桿」

在這個 AI 主導的新時代，我們再也不需要羨慕那些資本充足、團隊龐大的公司。因為現在，一個有遠見、有創意的人，只要懂得使用 AI 工具，就能啟動一場屬於自己的創富革命。

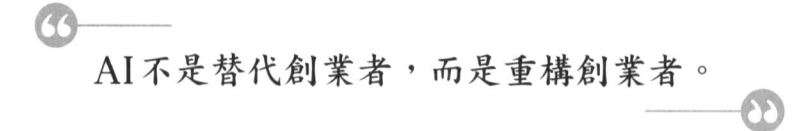

> AI 不是替代創業者，而是重構創業者。

你不需要等「準備好了」才創業——現在，只需要拿起 AI 工具、找到一個市場痛點、設計出解決方案，你就能踏上屬於自己的財富創業之路。

AI共享經濟平台化

在傳統共享經濟模式中，「閒置資產活化」是核心邏輯。Uber 讓你開車變現，Airbnb 讓你出租空房，WeWork 讓你共享辦公室。然而，AI 時代的共享經濟，正從「有形資源」走向「無形智慧」。

未來，什麼會變成最有價值的資源？答案不是土地、房產，而是：

- 已訓練完成的 AI 模型
- 強大的 GPU 算力
- 可商用的 AI 代理人
- 大量高質量的資料集
- 個人化的 AI 智能服務

這些資源都能透過平台化與 API 化「租借出去」，開啟一種新的經濟系統——智慧即服務（Intelligence-as-a-Service, IaaS）。

這不僅是商業模式的進化，更可能重塑整個資源分配體系，讓更多普通人得以參與AI紅利分配。

模型即租——企業的智慧加油站

AI模型的訓練成本極高。一個大型語言模型（如GPT-4）可能需要數千萬美元的資料標註、數月的算力與頂尖工程團隊。但現在，企業不需要從零開始訓練模型，而是可以透過「API即服務」的方式，按需租用模型。實例應用如下：

- 使用OpenAI API調用文字生成模型，用於客服、產品介紹。
- 透過Google Cloud Vision API完成圖片辨識與OCR處理。
- 調用Anthropic的Claude模型進行文件摘要與邏輯推理。
- 利用Stability AI提供的SDXL模型，生成圖像廣告與包裝設計。

這種模式的優勢在於：

傳統方式	模型即租方式
重金投資、長期訓練	無需訓練、即時接入
需技術團隊維運	使用者僅需懂得串接API
模型更新需內部處理	平台自動更新與優化

智慧變成一種「即開即用」的雲端資源，幾乎像在加油站加智慧，而不是自己煉油。

算力共享——GPU成為新時代的「數位石油」

AI模型的訓練與運算離不開高效能GPU。NVIDIA、AMD等公

司的高階顯卡已成為全球最搶手的硬體資源。為此，一批新興平台正在興起，專門出租GPU算力，讓資源更有效率地流通。

算力即服務（Compute-as-a-Service）平台：

- **Lambda Labs**：提供彈性GPU雲服務，開發者可臨時租用高效能伺服器。
- **CoreWeave**：專為AI、渲染與科學運算設計的雲端算力平台。
- **RunPod / Vast.ai**：提供「P2P算力出租」模式，用戶可以出租自己的GPU資源，獲取報酬。

這種模式讓：

- AI公司與開發者省去自建伺服器與硬體更新的負擔；
- 硬體擁有者能將閒置算力轉化為穩定收入；
- 平台本身變成算力與智慧資源的撮合市場。

就像太陽能電站可以並網賣電給國家，未來的個人也能「並網出租算力」，成為智慧經濟的供應端。

智能代理即服務——個人AI的訂閱時代

隨著AI技術模組化與個性化的進步，未來每個人可能都有「專屬AI智能代理」陪伴在旁，就像現在每個人都有一支智慧型手機。

智能代理可能的類型：

- **行銷AI助手**：根據受眾分析、內容優化與發文排程，自動協助品牌曝光。
- **健康AI顧問**：根據穿戴裝置收集到的數據，給予每日飲食、運動、睡眠建議。
- **理財AI經理人**：追蹤資產、推播投資建議、模擬風險與報酬。

Part 4 / AI未來願景

○ **接案AI經紀人**：幫你追蹤案源、評估報價、自動排程與談判。

這些代理人將由平台提供，使用者按月訂閱、按使用情境選擇，彷彿是智慧版的「Siri＋秘書＋顧問」，極具延展性。

未來的訂閱內容不再是影片、音樂，而是個人AI智慧「能力包」。

智慧共富：從集中獲利轉向分布式價值分配

傳統資本市場的邏輯是：「擁有資源的人獲得最多利益」。而AI共享經濟的新邏輯是：

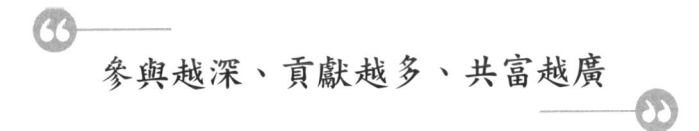

> 參與越深、貢獻越多、共富越廣

智慧共享的新型態經濟關係：

角色	可獲得價值
模型開發者	API 使用收入、授權費用
算力提供者	GPU 租金收益
使用者	智能代理降低時間成本、提高產出效能
組合應用創業者	將模型＋API＋UI 組合販售，變現為產品
平台經營者	撮合交易、維運系統，收取手續與服務費

這是一種「技術參與變成股東、算力提供變成礦主」的新思維，讓技術不只是被消費，而是被分享、被共創。

AI共享平台的未來機會：你該如何布局？

未來3～5年內，將有以下機會值得投入：

1. **打造模型平台或訓練服務**
   → 垂直領域（如醫療、法律、教育）專用模型市場仍屬藍海。
2. **算力共享市場切入**
   → 提供個人GPU資源登錄與監控服務，成為去中心化算力市場的入口。
3. **智慧代理SaaS訂閱平台**
   → 建立面向某類族群（如創作者、SOHO族）的個人AI助理工具。
4. **中介平台與撮合服務**
   → 成為「AI模型X應用場景」的橋接者，幫助企業快速串接與部署。

這些模式將打破原本「只有大公司能掌握AI」的迷思，真正實現一場全民參與的智慧資本革命。

智慧共享是下一波最重要的數位紅利入口

AI的核心，不只是技術，而是資源再分配的能力。從模型、算力到代理人，AI的「即租即用」與「即接即賣」，為數位時代創造了全新的供應鏈。

> 誰懂得掌握 AI 資源流通的節奏，
> 誰就有機會掌握新時代的財富主場。

與其等待大企業釋出福利，不如現在就成為AI資源的提供者、平台的貢獻者與共享經濟的共富者。

AI科技如何影響教育與人才培養

AI時代的學習方式將如何改變？未來的AI人才該如何培養？

從標準課程到智慧學習旅程

教育，從來不只是傳遞知識，而是塑造人類文明的根基。然而，長久以來，我們所熟悉的教育系統，仍停留在「一對多、標準化、應試主導」的框架中。這種以工業革命為背景所建立的教育邏輯，雖曾創造規模化人才培育的奇蹟，但在個人潛能多元化與職場需求急遽變化的今天，顯得越來越無力。AI的到來，正推動教育邁入3.0智慧世代。

從黑板走向螢幕，從課本走向數位教材，如今，我們站在一個全新的轉折點——AI不再只是工具，而是學習者的數位教練、教師的智慧助手、教學系統的中樞神經。這場轉型，遠遠超越了「讓學習更方便」，它將徹底改寫學與教的本質。

什麼是教育3.0？從內容教學到能力養成

我們可以這樣理解教育三個階段的演進：

階段	特徵描述
教育1.0	工業化教育，標準化課程、大班制、考試導向

| 教育 2.0 | 數位化學習，線上平台與遠距教學普及 |
| 教育 3.0 | 智慧化教育，AI 參與設計個人學習路徑與內容 |

教育3.0的核心在於「因材施教 × 智慧陪伴」，學習不再是被動接受，而是根據每位學生的能力、興趣、節奏與情緒反應，量身打造一段專屬學習旅程。

AI不只是播放課程影片或批改選擇題，它可以：

- 即時分析學生的錯誤模式與認知盲點
- 推薦補充資料與個性化練習題
- 在學生卡關時提供提示、類比與語境調整
- 評估學習情緒與動機變化，自動調整難易度與進度

這意味著——學習將不再是「一視同仁」的流水線，而是一場「千人千面」的智慧旅程。

AI導師的崛起：從平台到真實教練的角色轉變

目前，AI在教育領域的實際應用已開始落地。例如：

- **Khanmigo（Khan Academy）**：結合GPT模型的AI導師，能與學生互動問答、引導數學解題、解析文章邏輯，像個耐心的家教陪讀。

- **SquirrelAI（松鼠AI）**：中國率先落地的智慧自適應學習平台，根據學生知識點掌握程度，動態推送題目與補課內容。

- **Duolingo AI教練**：語言學習App的AI教練功能，針對使用者發音、文法錯誤提供即時糾正與重練機會。

- **Google Classroom ＋ Gemini AI 整合**：即將導入AI幫教師統

整學生表現、自動出題與批改報告，提升教學行政效率。

這些應用不僅幫助學生更有效率地掌握知識，也大幅解放教師的時間與精力，讓他們可以專注在更高層次的引導與互動上。

未來學習的五大場景重構

1. 個性化學習空間

學生不再需要同時間、同內容、同教材。透過AI平台，自訂學習計畫、每日學習任務、進度追蹤與階段檢核，猶如擁有一個「專屬私人教師」。

2. AI協同教學助理

老師的角色將從「內容傳遞者」轉向「思維引導者」。AI可以代為出題、解題、補充教材、評量作業，而教師則專注於學生對問題的思考、表達與創意發展。

3. 即時反饋與學習修正

傳統教育最大問題之一，是「錯了沒人說」，學生可能在錯誤中習以為常。AI可即時給予回饋，甚至用多種方式（文字、語音、動畫）進行解釋與補充。

4. 情緒與動機分析

AI可分析學生的表情變化、回答速度、點擊路徑等資料，判讀學習情緒與參與度，並調整教學策略（例如給予獎勵、降低挫敗感題型等）。

5. 多元創意與跨學習工具整合

AI可協助學生生成簡報、編輯影片、構思創意故事、發想企劃提案，將傳統「知識型教育」拓展為「創作型教育」，培養真正的綜合應用力。

AI × 教育創業的新藍海：你可以怎麼參與？

教育3.0不只是制度的變革，更是商業模式的全新想像。以下是幾種潛在創業與變現方向：

創業類型	案例與說明
AI導師平台開發	為特定科目（如數學、語文、程式）開發AI補習工具
教學資源變現平台	整合教師AI教案、題庫與教材，建立訂閱或商城模式
AI教育顧問服務	為學校、補教業設計AI導入策略與培訓
學習歷程管理SaaS	用AI協助學生建置學習歷程檔案，輔助升學與職涯規劃
親子陪學AI助手	幫助家長理解孩子的學習狀況，提供AI顧問解說與互動對話功能

教育創業者不再需要出版教科書或開設實體教室，只要會整合AI工具，找到特定需求切口，就能成為教育革命的推手。

從教知識到教能力——AI對「教育意義」的重新定義

最終，我們需要思考一個問題：如果AI可以教會一切知識，那「人」的角色在哪兒？

答案是：AI可以教知識，但「人」才會教人如何思考、如何提問、如何活得有意義。

未來教育的核心，將不再是「學會什麼」，而是「學會如何學、如何創造、如何成為自己」。AI教師處理知識層面，人類教師引導價值、情感與人生觀。因此：

📍 老師不會被AI取代，但會被「不會用AI的老師」取代。

📍 學生不需要背更多書，而是要懂得與AI合作共學。

📍 教育的未來，是「智慧與人性」融合後的全新啟航。

結語：教育不會被顛覆，但一定會被重新定義

AI不會取代學習本身，但會讓學習從來沒有過地「自由」。在這個教育3.0的新世代：

📍 教育不再受限於學校，而成為終生旅程。
📍 學習不再以考試為目的，而是為了解決問題與實現人生。
📍 每一位學生都能走上屬於自己的學習航道，每一位老師都能成為智慧陪伴的設計者。

> 教育的未來，不在於你知道多少，
> 而在於你如何學會成為一個不斷進化的人。

🎯 打造AI素養型組織

在這場由人工智慧所引領的產業大洗牌中，企業之間的競爭不再只是比資本、拼技術，更是比誰的團隊「會用AI」。AI不再只是技術部門的事，而是橫跨行銷、財務、人資、業務、法務等全體部門的能力基礎。正如電腦素養成為90年代的職場基本門檻，「AI素養」也將是新時代組織的關鍵競爭力。

問題是，企業該如何系統性地進行AI素養升級，而非只是讓員工聽完一場AI研討會就結束？

答案是：打造內部「AI人才孵化系統」，推動從工具熟悉到文化轉型的全面升級。

AI素養不是工程師專利,而是全員升級的起點

AI工具如ChatGPT、Midjourney、Notion AI、Runway等,雖然操作簡單,但若沒有正確的提示設計能力、資料分析理解力與場景應用思維,就只是「新玩具」而非「生產力工具」。

AI素養的定義,並不僅指程式設計或模型訓練能力,而是:

- 理解AI如何運作的基本概念(如大語言模型原理、生成式AI的邏輯)
- 能選擇合適工具來解決日常工作問題(如行銷自動化、報表分析、內容產製)
- 能與AI有效互動(如設計prompt、追蹤模型輸出品質、搭配工具形成工作流)

企業若只將AI技術集中在IT團隊,就像當年只有「資訊部門」會用電腦,最終將導致應用瓶頸與內部割裂。真正具AI競爭力的公司,是整體組織都懂得讓AI為其所用的公司。

企業AI人才升級的三大關鍵策略

1. AI基礎課程內化——針對各部門量身打造

不同部門對AI的需求不同,因此導入訓練時不能「一套課程打天下」,而應做到:

部門	教學內容重點範例
行銷部	AI廣告文案生成、A/B測試優化、受眾分析
財務部	財務預測模型、報表自動化、風險警示系統
業務部	客戶需求預測、CRM自動更新、銷售話術模擬

| 人資部 | 招募履歷篩選、員工數據分析、內部培訓AI推薦工具 |
| 法務部 | 文件自動校對、條款風險評估、合約摘要生成 |

這些課程不需要艱澀的程式碼，而是讓非技術人員能以熟悉的方式（例如表單、操作介面、範例案例）快速掌握如何「把AI帶進日常工作」。

2. AI實戰專案制──讓學習變成任務與成果

許多企業推動數位轉型時，常因「學完就忘」、「學用脫節」而效果有限。實際證明，最有效的學習方式就是在解決實際問題中學習。因此可推動「AI專案導向內訓」：

- 每個部門選出一個AI問題情境（如「如何用AI減少客服回覆時間」）
- 內部組隊或跨部門合作，設計解法、實作工具流程，並提交成果簡報
- 高層設計獎勵機制，鼓勵創新與應用落地

這不僅能讓學習貼近工作，更能形成內部最佳實踐案例，快速擴散全組織。

3. AI員工導師制度──打造內部知識循環生態

在每間公司中，總有一些對AI工具有熱情、嘗試過新技術的早期使用者。與其讓他們默默摸索，不如將這些人轉化為內部AI導師，擔任知識傳遞與應用推動的樞紐。企業可設立：

- **AI內部講師制度**：邀請懂工具的員工定期分享實用技巧
- **AI實作社群/Slack頻道**：分享每日技巧、交流Prompt設計
- **AI應用競賽或黑客松**：讓不同職級、部門一起挑戰創新任務

這不只是訓練，更是文化重塑。讓AI使用從「上對下推動」，變

成「底層發動的共學文化」。

人才升級效益的三層價值回饋

當AI素養滲透組織後，企業會從三個層面感受到明顯的改變：

價值層級	實際效益範例
個人層級	員工能自動化繁瑣任務，提高效率、創造更大工作價值
部門層級	團隊能透過AI快速達成目標，如銷售提升、錯誤率下降
組織層級	整體決策更快、成本更低、創新更持續，形成技術驅動文化

而最終成果不在於有多少AI工程師，而是有多少非工程師也懂得用AI提高生產力、創造新價值。

未來組織的樣貌：從人力資本到智慧資本

AI讓企業的人力資源不再只是「人頭數」，而是「智慧系統的一部分」。未來的組織會越來越像這樣：

- 企業內部有大量AI工具與代理人，自動處理例行任務
- 員工變成策略夥伴，專注創意、關係、設計與決策
- 組織的核心價值不再是執行力，而是「整合AI × 人類智慧」的協同力

而這樣的組織，只有持續透過「人才升級＋組織轉型」才能誕生。

不是人才缺乏，而是人才還沒升級

面對AI革命，企業最大的風險，不是缺工程師，而是現有人才沒準備好。最成功的企業，未必是聘請最多AI專家的公司，而是能讓最

多員工用AI解決問題的組織。

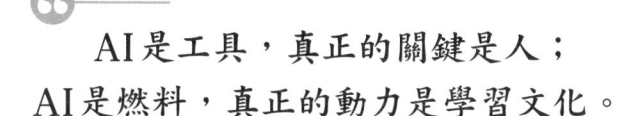

> AI是工具，真正的關鍵是人；
> AI是燃料，真正的動力是學習文化。

這場升級戰役，不是一堂課、一份報告就能完成，而是一場從上到下、從內到外的組織重構工程。現在開始打造AI素養型組織，才是企業真正的護城河。

全知型數位教授即將出現？

人工智慧的演進正以前所未有的速度改寫我們對學習的想像。從最初的線上教學平台，到如今能即時回答、調整課程、模擬考題的AI輔助教學系統，我們正逐步走向一個前所未見的教育形態：AI成為全知型數位教授，從知識提供者進化為學習的共同設計者與引導者。

這種數位教授並非單一功能的AI機器人，而是一套能整合、生成、互動、升級的智慧學習系統。它將具備前所未有的跨域能力、自我成長機制與學習情境設計力，成為未來教育體系的中樞。

AI教授的三大進化特徵

1. 自動學習升級：AI自主「進修」的能力

與過往「靜態教材」最大不同之處在於，AI教授能持續自我學習。

透過與用戶的互動、全球知識資料庫的同步更新（如學術論文、新聞事件、百科與最新教材），AI教授能定期修正過時觀念、納入最新研究、優化回應邏輯，就如同一位老師不斷進修與教學反思。

未來的學習者，不再是永遠面對固定的課程內容，而是每天都在與進化版教材學習。

2. 跨學科能力整合：從單點知識到系統化理解

傳統教育往往將學科切割為語文、數學、科學、藝術等獨立領域，但未來的 AI 教授可以跨越學科邊界，以系統性的方式設計學習內容。舉例來說：

- 在講授氣候變遷時，同時結合地球科學（碳循環）、數學（統計模型）、社會學（政策制度）與語言表達（溝通與倡議）。
- 在創作小說課程中結合語言美學、心理學（角色塑造）、歷史背景（時代脈絡）與科技應用（AI 劇情生成）。

這不只是知識廣度的延伸，而是邏輯與批判性思維的全面建構。

3. 情境式互動學習：讓學習變成「活在其中」

AI 教授不再只是「告訴你答案」，而是「創造學習場景」讓你親自探索。它能建構沉浸式學習模擬，如：

- 模擬一場聯合國氣候會議，讓學生扮演不同國家代表進行談判。
- 創造企業經營模擬器，訓練學生在不確定市場下做決策。
- 透過語音與圖像，讓學生與歷史人物「對話」，學習事件背後邏輯。

這種情境式學習將極大提高學習的參與度、記憶力與應用能力，也是未來教育「知識內化」的關鍵突破口。

數位教授如何重構學習與教師角色？

AI 教授的加入，不代表「淘汰老師」，而是「重塑師生關係」。未來的教育場景會出現明確的雙軸分工：

AI教授擅長的事	人類教師無可取代的價值
快速講解知識、題目生成、自動評量	啟發思考、價值引導、情感共鳴、人格養成
記憶龐大資料、資料統整、自動因材施教	解讀複雜情緒、啟動學習動機、鼓勵創意表達
根據互動記錄提供最佳路徑與策略	建立信任與陪伴、幫助學生找回自信與方向

也就是說，AI教授將把「重複性教學任務」自動化，而人類教師將升級為「價值導向型教育者」，真正落實教書育人的使命。

AI教育系統的未來場景：從教室走向全球知識網路

隨著技術普及與雲端化推進，AI教授將能提供：

1. 全球同步學習機會

無論城市或鄉村、富裕或貧困地區，只要連上網路，每個孩子都能擁有「最高品質的AI教師」，實現真正的教育平權。

2. 語言與文化的即時轉譯學習

結合語音辨識與機器翻譯，AI可將所有教材轉為當地語言，甚至根據文化背景調整教學方式，打造「全球在地化」的學習體驗。

3. 跨齡、跨域、跨職涯的終身學習平台

從兒童啟蒙教育到成人職能培訓，再到銀髮族健康學習，AI教授可依年齡與需求提供不同學習模式，支援從「補習」到「再就業」的各種學習任務。

我們離「全知型 AI 教授」還有多遠？

目前的大語言模型如 GPT-4、Gemini、Claude 3 等已具備回答問題與生成教材的能力，但仍有幾個關鍵限制尚待突破：

1. **深度理解與推理能力尚不足**：模型能擬出答案，但在「邏輯串接」與「整體觀建構」方面仍略顯鬆散。
2. **個人情境理解與記憶有限**：仍需更精準的長期學習記憶與跨任務記憶（如長期追蹤學生學習歷程）。
3. **情感互動與倫理判斷弱點**：難以感知學生的情緒或提供適切的人文建議。

不過，從 GPT 到 AutoGPT、從 RAG 系統到多模態模型，AI 正朝著「會學習、會整合、會引導」的方向加速邁進。預計在未來五到十年內，第一代真正具備「數位教授」特徵的 AI 系統將正式問世。

從工具到夥伴──AI 教授的終極意義

未來的學習將不再是一段被動接受的旅程，而是與 AI 教授共同打造的「智慧學習旅程」。

> AI 教授不會取代學習，
> 而是讓學習成為一場終生可享的冒險。

AI 不只是把知識送到你面前，而是陪你一起思考、一起嘗試、一起錯誤、一起成長。當 AI 不只是工具，而成為我們思考方式的一部分時，我們真正迎來的，不只是教育的升級，而是人類認知與智慧的下一個進化階段。

AI創富學院的構想

如何創建一個AI財富教育機構，幫助個人與企業適應AI時代？

🎯 願景——讓AI成為人人都能用來賺錢的工具

當人工智慧從實驗室走向日常生活，我們發現了一個巨大的裂縫：AI的紅利，大多集中在少數大型科技公司、工程師與資本玩家手中，而絕大多數人，甚至連「如何開始」都還沒搞懂。

這正是AI創富學院存在的初衷與使命：讓AI不再是特權科技，而是全民可用的創富工具。

AI創富學院不是一所傳統的科技教育機構，也不只是數據分析或程式教學班，而是一個面向未來、貼近市場、聚焦「變現力」的知識與技能孵化平台。它是實戰型的財富實驗室，是個人、創業者與企業轉型的智慧基地。

從知識到現金流：AI學習的真正價值

過去的教育強調知識本身，現在的世界則需要我們把知識轉化為現金流、影響力與資源槓桿。

AI創富學院的核心願景在於三件事：

1. 幫助個人用 AI 創造收入與影響力

無論你是自由工作者、小商家、內容創作者、斜槓創業者，還是還在摸索未來方向的年輕人，你都能在這裡學會：

- 如何用 ChatGPT 寫文案、腳本、商業簡報
- 如何用 Midjourney 做設計、封面、商品圖
- 如何用 Runway 做影片行銷、短影音變現
- 如何用 AI 工具自動化客服、流程與行銷
- 如何用 AI 分析市場趨勢、創業點子與產品規劃

我們的目標不是讓你「懂AI」，而是讓你「靠AI賺到錢」。

2. 協助企業打造 AI 素養型團隊

面對數位轉型與人才斷層，企業迫切需要培育懂商業又懂AI的跨界人才。但傳統訓練往往無法落地，也難以連結實際成效。

AI創富學院透過模組化課程與專案實作，協助企業內部員工：

- 學會使用AI工具解決部門問題
- 建立內部AI教練與學習循環制度
- 推動AI專案從概念走到應用與營收成長

我們不只是做訓練，而是打造一整個AI能力建構流程，讓企業用得起、學得快、成效明確。

3. 打造財富導向的學習平台

AI創富學院有別於一般線上學院的最大差異在於：我們不是傳遞知識，而是設計變現流程。

每一門課程都設有「應用場景＋商業模型＋操作工具＋成果產出」，從一開始就指向「如何用所學變現」。例如：

- 你學完「AI電商文案課」，就能立即幫店家寫文案
- 學完「影片A剪輯課」，可直接用Runway幫人做短影音代工
- 學完「AI顧問模組」，可提供中小企業AI流程建議收費

這是一個從學習 → 應用 → 商品化 → 收益的完整轉化鍊，打破學了沒用、聽完就忘的學習困境。

未來的學習，不是知識灌輸，而是財富轉譯

在我們的願景中，「學了就能用、用得能變現」是AI創富學院的底層邏輯。這代表三層核心理念：

1. 工具民主化：讓人人都能上手的AI生產力

我們不預設使用者背景，不要求會寫程式，也不強調艱深技術，而是透過AI工具的教學與應用設計，讓任何人都能學會：

- 如何使用
- 用在哪裡
- 如何用出效果

每一位學生畢業時都能擁有一套屬於自己的AI工具箱。

2. 職能變現化：將技能包裝成商品與服務

學習的終點不是一張證書，而是：

- 你能提供什麼解決方案？
- 能解決誰的問題？
- 願意為此付費的市場在哪裡？

學院會引導學生思考「技能如何變成商品」，並協助學員打造自己的AI服務模型與個人品牌價值主張。

3. 收入持續化：打造可放大的數位資產模型

透過AI工具，我們協助學生建立：

- 自動化的內容產製流程
- 可複製的教學產品或模板
- 可重複販售的訂閱制服務或數位商品

最終目標，是讓學員跳脫時間換錢的單一模式，打造出具有槓桿性與持續性的創富引擎。

AI創富學院是一所什麼樣的學校？

如果你問我們：這是一所科技學校嗎？商業學校嗎？創業學校嗎？

我們的回答是：這是一所未來學校，一所賺錢的學校，一所讓你學會用AI賺錢的學校。它擁有以下特徵：

- **線上＋線下並行**：無論你在哪個城市，都能參與學習與社群。
- **工具＋商業整合**：每門課不只是教操作，而是教應用與變現。
- **個人＋組織升級**：同時服務個體創業者與企業團隊訓練。
- **學習＋社群共創**：學員不只是學生，也是合作夥伴與內容共創者。

我們不是給你答案的人，而是陪你一起打開AI賺錢可能性的人。

讓AI成為每個人的創富武器

當世界快速變化，你有兩個選擇：成為旁觀者，或成為參與者。

AI創富學院的存在，是為了讓你參與，是為了讓你從「使用者」變成「創造者」，從「學習者」變成「贏家」。

我們相信，AI不應該是少數科技菁英的特權，而應該是每一位平凡人都能掌握的非凡工具。

> 真正的教育不是給你一張證書，
> 而是給你一套改變命運的方法。

AI創富學院，歡迎你，讓我們一起走上用AI改變人生、創造財富的未來之路。

以結果為導向的課程設計與學習計畫

在AI時代，不再是「你懂多少」決定你的價值，而是「你如何用AI創造成果」。這正是AI創富學院課程設計的核心邏輯：以應用為導向、以變現為目標，打造一套可操作、可模組化、可商業化的技能學習藍圖。

這不只是一套學習課程，更是一張通往個人收入成長與創業變現的地圖，讓你知道：你在哪裡、該學什麼、學完能做什麼、怎麼開始獲利。

三大主軸：對應未來十年的黃金賽道

根據市場趨勢與AI產業應用走向，AI創富學院的課程架構圍繞三大核心主題設計，涵蓋從個人變現到創業升級的完整價值鏈：

1. AI投資與金融實戰

適合對金融市場有興趣、想提升理財能力或進入AI金融領域者。包含課程主題：

- **AI量化交易：** 如何使用AI工具進行回測、策略生成與自動交易。
- **智能投資顧問：** 結合ChatGPT與金融模型，建立Robo-Advisor。
- **DeFi策略與風控：** 去中心化金融中的AI應用，風險預警與套

利機會分析。

📍 **自動資產配置**：如何用 AI 建立多資產組合與自動再平衡機制。

這條路線將幫助學員從「使用者」轉變為「AI理財系統的設計者」，甚至成為金融顧問與內容創作者。

2. AI創作與內容變現

適合內容創作者、自媒體經營者、設計師、Youtuber、品牌主等。包含課程主題：

📍 **AI影片製作**：使用Runway、Pika Labs等製作廣告片、短影音、Vlog。

📍 **AI文案生成**：用ChatGPT、Copy.ai製作文案、腳本、商品說明。

📍 **AI設計與包裝**：用Midjourney、CanvaAI製作Logo、海報、社群素材。

📍 **NFT與內容資產化**：AI藝術創作結合Web3平台變現、打造個人品牌資產。

這條路線讓你從「創作者」升級為「自動化內容經營者」，搭配訂閱制或版權收入模型，實現長尾現金流。

3. AI創業與商業模型

適合有創業夢、斜槓需求或想轉型創造新收入來源的個人與中小企業主。包含課程主題：

📍 **AI工具創業**：從AutoGPT、AgentGPT、Notion AI建立一人公司系統。

📍 **SaaS微型服務**：如何用AI開發小工具並上架變現。

📍 **訂閱制商業模型**：AI工具＋內容結合打造穩定月收的產品。

📍 **AI顧問服務**：針對特定產業設計AI解決方案並包裝為諮詢產品。

這條創業軸線幫助你建立「微型AI商業系統」，不需大團隊也能開創個人事業。

學習計畫設計：從工具熟練到市場變現的階梯式成長

AI創富學院採用模組化、分級式的學習策略，從入門理解、技能掌握到專案實戰，每一階段都對應清楚的變現目標。

1. 分級學習結構

階段	主題	學習目標	變現方式
入門	AI工具導覽與應用場景	能使用主流工具如ChatGPT、Midjourney	提供簡單服務，如寫文案、圖像生成
中階	實作技能與商業模型開發	能建立流程、自動化、組合應用工具	包裝為服務／顧問／接案模式變現
高階	實戰專案與個人品牌打造	結合產業經驗設計AI解決方案	創業、發展產品、打造個人品牌收入池

2. AI工具實操地圖

我們不會只介紹工具，而是讓你「上手＋實戰＋變現」。學院涵蓋的AI工具包含：

工具	應用場景
ChatGPT	商業文案、腳本、教學內容、顧問回覆
Midjourney	設計素材、品牌視覺、社群海報、NFT
Runway	影片製作、AI替代剪輯師、廣告片段
AutoGPT	自動任務處理器、流程自動化、小型機器人設計
AgentGPT	專案自動執行者、客製化AI解決方案開發

| Notion AI | 商業報告、自動會議紀錄、專案管理文件生成 |
| Canva AI | 快速設計、廣告視覺整合 |

每一工具皆搭配「應用模組」與「變現場景」，學了就能馬上用。

打造個人財富路徑圖：從學習到變現的四步走

AI創富學院設計的不只是課程，而是一條明確的「財富進化路徑」，幫助你一步步走向可持續收入。

1. 技能熟練：打造高產能自己

能用AI輔助你完成日常任務、提升效率、生產內容。如：內容創作、影片剪輯、自動化報告寫作。

2. 服務輸出：成為技能接案者或顧問

開始幫他人執行任務並收費，如AI文案代工、影片製作、資料分析諮詢。

3. 商品化營運：打造穩定性產品與平台

打包服務為產品、建立平台或訂閱機制，如線上課程、SaaS工具、會員制服務。

4. 資產化擴張：建立多重被動收入模型

結合NFT、內容資產、版稅分潤等系統化收入模式，如內容IP、合作聯盟、數位資產投資。

學習是創富的起點，設計才能走得遠

AI時代最大的財富差距，不是你會不會寫程式，而是你會不會用AI為自己創造價值。

AI創富學院的課程，不只是技能傳授，更是讓你找到一條可複製、可放大、可獲利的成長之路。從掌握工具到打造品牌，從提供服務到創建系統，這不再是一堂課，而是一場改寫人生模型的設計訓練。

> 會學習的人能成長，
> 但能把學習變成收入的人，才能真正改變命運。

打造全球化、實戰化、合作化的創富生態圈

在AI時代，最有價值的資產不僅是技能，更是「你與誰一起成長」。知識再強，如果缺乏環境練習、實戰磨練與人脈連結，仍然難以轉化為成果。這正是AI創富學院不只強調「教學內容」，更重視「學習社群」的核心原因。

我們不打造一間孤島型的教育機構，而是構建一個跨界、跨境、跨階層的AI創富生態圈。這個生態圈的本質，是一種「共學、共創、共富」的網絡結構。它連結的不只是學員，更是開發者、創業者、投資者、顧問、設計師、內容創作者、企業主管與國際資源平台，共同編織出一個以AI為核心的創新網絡。

線上共學社群平台——打破孤立學習，成為實戰戰友

過去的線上課程最大問題是學完就忘、學完就散，沒有後續追蹤與實踐環境。為此，我們打造一個具「持續動能」的學習社群平台，實現：

1. Slack / Discord線上社群

📍 **分主題頻道**：如AI投資、內容創作、AI工具、創業實戰等。

- **即時討論與問答**：與同學、助教、顧問互動交流。
- **實戰任務牆**：每週小任務練習＋發表，鼓勵實作與回饋。

2. **定期讀書會與直播課程**
   - **書籍導讀＋案例分析**：將AI應用與商業書籍轉化為實戰模型。
   - **每月實戰主題直播**：邀請業界講師或優秀學員分享應用案例。
   - **工具更新研討**：追蹤如ChatGPT、Runway、Midjourney等新版本與新玩法。

這不僅是「學習內容的延伸場域」，更是「同行者的聚集地」，讓你不再是一個人對著螢幕，而是站在一個學習浪潮的核心之中。

專案合作與孵化──讓學習變成產品，讓點子變成收益

許多學員不只想「學完找工作」，而是想「做出點什麼」，甚至能「打造自己的事業或產品」。因此，我們在學程設計中加入「跨國協作＋專案實作」的孵化制度，具體作法如下：

1. **跨專業組隊專案制**
   - 結合設計師、文案者、行銷人、工程師、AI工具使用者，模擬一人公司或產品團隊。
   - 每季發起主題專案（如製作一款AI訂閱服務網站、開發一個內容生成平台），提供完整技術輔導。

2. **學院內部孵化平台**
   - 對優秀的專案提供內部資源，如：
     - 顧問指導（產品、行銷、財務）
     - 免費使用進階工具API資源
     - 商業計畫書撰寫與市場驗證輔導

3. 實作導師制度

- 成功創業或接案者擔任導師，陪伴團隊從0到上線。
- 鼓勵用Notion、ChatGPT、Zapier、Stripe等工具創業。

這些專案將不再是「學習中的作業」，而是「未來可運營的商業模型」，甚至可於課程結束後繼續運作與變現。

AI創業孵化器──從學員到創業者的快速通道

我們將與創投機構、加速器與國際平台合作，設立AI創業孵化機制，協助從點子到產品、從專案到公司。

1. 學員募資對接計畫

- 與天使投資人、創投公司合作，設立「學員項目日」。
- 精選團隊展示產品原型與商業邏輯，爭取種子資金。

2. 平台資源聯盟

- 與API平台、雲端算力供應商、SaaS工具商建立合作機制，讓學員創業者以學員身份取得資源支持。
- 提供域名、上架、簡報模板、技術支援等一條龍創業服務。

3. AI創業導師計畫

- 為每一位創業團隊分配一位導師（來自企業、創業圈或學長姐），提供策略指導與資源鏈接。
- 搭配90天產品開發挑戰，提升學員「落地」能力。

打造全球AI創富網絡

這個學習社群的終極目標，不只是讓人「學得會」，而是讓人「連得起」、「做得出」、「賺得到」。我們要打造的，是一個以AI為核

心的全球創富生態圈。

這個生態圈的五大層次：

層級	功能
工具層	掌握主流AI工具與應用API
學習層	分階段學習與實戰模組
社群層	跨區域共學、跨專業交流、導師系統
商業層	變現模型設計、SaaS建構、內容變現
資源層	API支持、雲端資源、創投對接、平台上架

未來，我們希望這個社群不只是「學院的延伸」，而是獨立運作、互助共生的全球社群品牌。每一位學員，都可能成為未來的導師、顧問、合夥人，或新平台的創辦者。

AI不只是一門技術，它是一場社會變革

在這場AI革命中，真正重要的不只是「你會什麼工具」，而是「你站在哪個網絡中」。

AI創富學院的願景，不只是訓練技能，而是打造一個讓你能不斷進步、一起合作、共同創富的全球化實戰社群生態圈。

> 技術可以讓人成長，但社群，才能讓人成就。

我們邀請你，不只是來學習，而是成為這場智慧浪潮中的參與者、共創者與引領者。

Part 5
AI 創富新格局

TOPIC

未來已來，有些人已悄悄走在前面。

本章將聚焦於 AI 時代下的財富新格局。透過杜云安老師的矽谷之行、吳宥忠老師的「CXO 一人公司」思維，以及對未來企業趨勢的洞察，我們將共同描繪 AI 時代下個人企業帝國的藍圖，並分享 AI 培訓的五大願景，助您在這波浪潮中穩操勝券。

杜云安老師美國AI行

深入了解全球AI發展的最新趨勢，
並探索矽谷作為AI創新核心的獨特生態環境。

Q1：請先為我們介紹這次美國AI考察之旅的整體行程規劃，以及最想達成的三大目標是什麼？

這次美國AI考察之旅的主要目的，是為了深入了解全球AI發展的最新趨勢，並探索矽谷作為AI創新核心的獨特生態環境。我本人對AI的前沿技術和產業應用充滿興趣，因此這次的考察不僅是一次學術與技術的探索，更是一場產業與創投生態的深入體驗。

整體行程規劃

考察行程主要圍繞矽谷（Silicon Valley）展開，重點參訪以下機構與企業：

1. **頂尖AI企業**：Google、NVIDIA、Meta（Facebook）、Apple等，這些公司均在生成式AI、大型語言模型（LLM）、自動駕駛、AI晶片等領域具有領先地位。
2. **世界知名學府**：史丹佛大學（Stanford University）與加州大

學柏克萊分校（UC Berkeley），這些學術機構的AI實驗室在理論研究與技術應用上均有卓越成就。
3. **創投與孵化器**：矽谷擁有全球最活躍的風險投資（VC）機構，例如紅杉資本（Sequoia Capital）、NEA（New Enterprise Associates）、Y Combinator、Founders Space等，這些機構不僅投資AI技術企業，也塑造了矽谷的創業環境。
4. **社群與行業峰會**：參加AI技術峰會與社群活動（如Meetup），與業界專家、投資人、學術界人士建立聯繫，促進技術交流與產業合作。

三大目標

這次考察的主要目標可歸納為以下三點：

1. 深入了解AI技術的發展趨勢與應用

矽谷是AI技術發展的核心地帶，這裡聚集了世界頂尖的AI企業，涵蓋了深度學習、生成式AI（GenerativeAI）、大型語言模型（LLM）、自動駕駛、機器人技術、AI晶片、金融AI、醫療AI等前沿領域。這次行程將幫助我們全面掌握AI技術發展的最新動態，並觀察這些技術如何被應用到商業與社會中。

2. 了解AI產業與創業生態，學習矽谷成功模式

美國矽谷之所以能成為全球AI創新中心，除了技術領先外，完善的創業孵化機制、風險投資體系也是關鍵。這次行程將聚焦於AI創業者如何獲得資本支持、如何透過孵化器（如Y Combinator、Founders Space）進行市場驗證，並了解AI創業公司如何從技術概念走向市場應用。此外，我們將觀察矽谷投資人如何評估AI領域的投資機會，學習

如何吸引風險資本的青睞。

3. 搭建學術界與產業界的橋樑，推動企業數位轉型

目前AI研究與應用之間仍然存在一定的Gap（落差），許多AI研究雖然在學術界有突破性的進展，但在產業應用上仍需時間落地。我希望透過這次考察，能進一步縮小學術界、創業者、投資人、企業高管之間的距離，讓AI技術更快地進入市場，真正推動產業變革。此外，這次行程也將聚焦於企業數位轉型的戰略，探討如何在企業內部落地AI技術，提升決策效率與競爭力。

這次美國AI考察之旅的核心目標，是通過技術學習、產業洞察、創業交流、投資觀察等方式，全面了解AI技術的未來趨勢，並為企業與創業者提供具體的應用方向與策略。在行程中，我們將不僅關注技術發展，還會深入探索AI的市場機會，為未來的AI應用與商業模式帶來更具前瞻性的視野。

杜云安老師與Intel主席
在美國英特爾總部結為好友

杜云安老師與Meta集團AI部門
Dr. Markku 博士結為好友

Q2：在出發前，您對美國AI產業或研發環境有何預期？實際抵達後，整體氛圍或發展狀況是否符合您的想像？

在出發前，我對美國AI產業的預期主要集中在以下幾點：

1. **AI企業的發展狀況**：矽谷作為全球AI技術創新的核心，應該已經聚集了大量的AI獨角獸企業，推動AI產業加速發展。
2. **創投環境**：預期矽谷的風險投資（VC）機構仍然對AI領域保持高度關注，並積極投資新興技術。
3. **技術創新趨勢**：AI技術應該已經從單純的深度學習模型發展到更成熟的應用階段，包括大型語言模型（LLM）、多模態AI、自動化AI Agent、企業級AI應用、AI晶片等領域。
4. **企業與學術機構的合作**：期待看到AI在企業與學術研究機構之間的緊密合作，透過技術交流與資本支持，加速AI的落地應用。

抵達後，我發現美國AI產業的發展遠超過我的預期，主要表現在以下幾個方面：

AI獨角獸企業的迅速崛起

美國加州擁有眾多AI領域的獨角獸企業，例如OpenAI、Anthropic、FlashAI等。這些企業的核心技術涵蓋AI工具開發、API平台、生成式AI、企業AI解決方案，形成了一個高速成長的AI生態系統。

值得注意的是，AI企業已經不再侷限於技術研發，而是開始打造完整的AI商業化解決方案，並透過API、雲端服務等方式，讓企業可以快速整合AI技術。例如：

- **OpenAI**：已獲得超過100億美元投資，並與微軟（Microsoft）深度合作，將GPT-4、Copilot直接整合到微軟的產品線中，如AzureAI、Office 365。
- **Anthropic**：專注於AI安全與可控性，開發了與OpenAI競爭的Claude系列AI。
- **FlashAI**：開發AI驅動的API服務，幫助開發者快速構建AI應用。

AI風險投資環境依舊活躍

我原本以為，在全球經濟環境充滿不確定性的背景下，風險投資機構可能會減少對AI的投資。然而，實際觀察後發現，矽谷的創投機構依然高度關注AI領域，並持續加碼投資，尤其是生成式AI（Generative AI）與AI工具平台。目前，矽谷主要的投資方向包括：

- 大型語言模型（LLM）與AI Agent技術
- 企業AI解決方案，如自動化客服、商業分析AI
- AI安全與監管技術，以確保AI運行符合道德與法律標準
- AI晶片與計算基礎設施，如NVIDIA在AI GPU領域的持續發展

例如，紅杉資本（Sequoia Capital）、NEA、Y Combinator這些知名VC機構仍然積極投資AI領域的新創企業，顯示AI仍然是未來最具潛力的市場之一。

AI產業正朝向更全面的整合發展

這次在微軟的參訪讓我感受到，AI產業正在朝高度整合與協作的

方向發展。與過去單純追求技術突破不同，現在的AI企業更重視如何與現有的IT基礎設施、企業軟體、生態系統結合，加速AI技術的落地應用。例如：

- 微軟不僅投資OpenAI，還將GPT-4、Copilot深度整合到Azure雲端服務與Office生態系統，讓AI能真正影響企業工作流。
- Google DeepMind正在開發更強大的Gemini大型語言模型，並與Google Search、Google Cloud深度融合。
- Meta（Facebook）正在開發AI生成內容（AIGC），並在Reels、Instagram、WhatsApp上測試AI推薦機制，以提升社交平台的智能化。

這讓我發現，AI已不再是一項獨立技術，而是開始滲透到各個行業，成為提升效率與決策能力的關鍵工具。

AI的監管與倫理議題受到更多關注

在考察過程中，我也發現AI安全與監管已經成為產業界的重要話題。例如，美國政府與歐盟正在推動AI法規與風險管理機制，確保AI在發展的同時，能夠符合倫理標準，避免濫用。

特別是在AI監管與企業AI安全領域，投資機構與企業都開始關注：

- **AI透明性與可解釋性（Explainable AI）**：確保AI模型決策過程透明，不會產生歧視性結果。
- **AI數據安全**：確保AI模型的訓練數據不會侵犯個人隱私。
- **AI風險控制**：針對AI生成的內容進行審查，確保不會產生錯誤資訊或偏見。

這讓我意識到，未來AI的發展不僅僅是技術競賽，更是如何讓AI

合規、安全地應用於企業與社會的挑戰。

這次美國AI考察讓我看到，矽谷AI產業的發展速度遠超我的想像，特別是在AI商業化落地、創投支持、生態系統整合方面的進展極為驚人。

此外，我也觀察到，AI產業已進入技術應用的爆發期，許多AI企業已經從研究階段轉向大規模商業化，這對於全球企業來說，將是一場革命性的變革。

未來，AI將持續改變我們的工作方式、企業運營模式，甚至影響全球經濟與社會發展。這次考察不僅讓我對AI產業的發展趨勢有更深的理解，也讓我對AI在企業與社會的應用前景充滿期待！

杜云安老師與Google總部
人工智能無人駕駛汽車Waymo負責人

Q3：在造訪史丹佛大學之前，您對其在AI領域的貢獻或地位有何認識？史丹佛為什麼能成為全球AI人才與創業者的搖籃？

在造訪史丹佛大學（Stanford University）之前，我已經對其在AI研究、科技創新、以及創業孵化方面的全球領先地位有所認識。史丹佛長期以來都是矽谷科技發展的核心推動力，培養了無數世界級的AI科學家、工程師與創業者。

我原本的認識主要集中在幾個方面：

1. **頂尖的AI研究機構**：史丹佛擁有世界知名的StanfordAI Lab（SAIL），該實驗室自1963年成立以來，在機器學習、自然語言處理（NLP）、計算機視覺（CV）、自動駕駛等領域均有重大貢獻。
2. **與科技巨頭的緊密關係**：史丹佛的畢業生與教授與Google、Meta（Facebook）、Apple、NVIDIA、Tesla、Intel等矽谷巨頭公司有著深厚的聯繫，許多企業的創辦人或高層均來自史丹佛。
3. **創業文化與資源**：史丹佛位於矽谷核心區，擁有強大的創投（VC）支持、生態系統、創業加速器，幫助學生與研究人員將技術轉化為可落地的創新企業。

考察史丹佛大學後，我對其在AI領域的影響力以及為何能成為全球AI人才與創業者搖籃有了更深的理解，主要體現在以下幾個方面：

AI研究與產業應用緊密結合

史丹佛的AI研究不僅限於學術領域，而是直接影響矽谷的科技發

展與創新應用。例如：

- Google 的 PageRank 演算法（奠定 Google 搜尋引擎基礎）最早由史丹佛博士生 Larry Page 和 Sergey Brin 在史丹佛校內研究開發。
- 自動駕駛技術方面，史丹佛的研究與 Waymo（Google 旗下自駕車公司）、Tesla、Ford 等企業緊密合作，持續推動無人駕駛技術的發展。
- 醫療 AI 領域，史丹佛的 AI 研究團隊與 Mayo Clinic、Veritas Genetics 等醫療機構合作，開發 AI 診斷與基因分析技術。

這些例子顯示，史丹佛的 AI 研究不僅侷限於理論，還能快速轉化為實際應用，直接影響全球科技發展。

強大的校友網絡與企業合作

在與史丹佛 AI 研究員交流的過程中，我了解到，許多矽谷科技巨頭皆與史丹佛有深厚的歷史淵源，例如：

- Google（創辦人 Larry Page & Sergey Brin）
- NVIDIA（創辦人 Jensen Huang，黃仁勳）
- Yahoo（創辦人 Jerry Yang，楊致遠）
- LinkedIn（創辦人 Reid Hoffman，霍夫曼）

這些企業創辦人幾乎都曾在史丹佛就讀或進行研究，這使得史丹佛擁有全球最強的創業與企業合作網絡。當學生畢業後，他們不僅能夠直接進入這些高科技公司工作，還能透過強大的校友網絡獲得創業支持。

創業資源與風險投資支持

史丹佛之所以能培養出許多成功的創業者，除了其強大的技術背景

外，還因為其擁有完整的創業生態系統，包括：

1. 創業孵化器與加速器

- **StartX**：史丹佛校內的創業加速器，專注於幫助學生與教授創立科技公司。
- **Stanford Venture Studio**：支持史丹佛學生的創業項目，提供指導與資金對接機會。

2. 強大的風險投資（VC）支持

- 矽谷最頂尖的風險投資機構（例如Sequoia Capital、Andreessen Horowitz、NEA）都與史丹佛有密切合作，這讓史丹佛畢業生的創業項目更容易獲得資金。
- 許多VC會直接參與史丹佛的創業比賽，尋找具潛力的AI創業團隊。

這種學術、企業、投資緊密結合的模式，讓史丹佛成為全球創業成功率最高的大學之一。

矽谷創業文化的影響

史丹佛學生的思維模式深受矽谷創業文化影響，他們通常具備以下幾種特質：

- **勇於挑戰現狀**：學生們不會滿足於傳統的職業道路，而是願意投入創業或顛覆性技術開發。
- **失敗文化**：矽谷不怕失敗，許多企業家（如Elon Musk、Steve Jobs）都曾經歷過多次失敗，但仍然能夠成功創業。
- **跨領域合作**：史丹佛強調跨學科研究與應用，例如AI＋生物科技、AI＋商業分析，這種跨領域思維讓學生能夠從不同角度思

考問題，創造更有影響力的創新。

這也是為什麼史丹佛畢業生不僅擅長技術研發，還能夠成功創業，並帶動科技產業的變革。

地理優勢與政府支持

史丹佛的地理位置位於矽谷中心，這讓學生能夠近距離接觸全球最前沿的科技與創業環境。此外，美國政府與加州政府提供大量的創新補助、科技研發資金、稅收優惠，讓新創企業能夠快速發展。這些政策與資源，進一步推動了史丹佛成為AI創業人才的搖籃。

史丹佛大學之所以能成為全球AI人才與創業者的搖籃，主要歸功於以下幾個關鍵因素：

- ☑ 頂尖的AI研究機構（Stanford AI Lab）
- ☑ 與科技巨頭的密切合作（Google、Meta、Tesla等）
- ☑ 強大的創業資源與投資支持（StartX、Stanford Venture Studio、矽谷創投）
- ☑ 創業文化濃厚，允許快速試錯與創新
- ☑ 矽谷地理優勢與政府支持

這次考察不僅讓我更深入理解史丹佛在AI領域的影響力，也讓我看到學術、創業、產業資源整合對於AI發展的重要性。史丹佛不僅僅是一所大學，更是一個科技創新與創業生態系統的核心，未來在AI領域的影響力將會持續擴大。

Q4：在史丹佛的實地參訪或座談中，您觀察到哪些最新的AI研究方向？最有可能在短期內帶來「創富」機會的是什麼領域？

史丹佛AI研究的最新方向與趨勢

在這次史丹佛大學的參訪中，我觀察到該校的AI研究方向主要集中在幾個領域，而這些技術不僅處於全球領先地位，更有可能在短期內實現商業化並帶來巨大的創富機會。

1. 自動駕駛與AI交通技術

史丹佛的自動駕駛技術處於世界前沿，並與Waymo（Google母公司Alphabet旗下）、Tesla、Ford（福特汽車）深度合作，專注於：

- 強化學習（Reinforcement Learning, RL）技術，讓自駕車能夠適應不同的道路與交通狀況。
- AI感知系統與決策演算法，進一步提高自駕車的安全性與效率。
- 人機交互技術，讓AI司機能與真實駕駛者進行智能互動，改善交通體驗。

創富機會

隨著全球各國逐步開放自動駕駛的法規，相關技術將進一步普及。投資自駕車技術開發、智慧交通系統、電動車AI助手等領域，將有機會搶占市場先機。

2. 醫療AI與生物科技

史丹佛醫療AI團隊與Veritas Genetics、Mayo Clinic（梅奧診所）、Google Health等機構合作，發展：

- AI診斷技術，提升醫生的診斷準確率，例如影像辨識AI可檢測癌症、心血管疾病、眼底病變等。
- 基因分析與個人化醫療AI，透過AI建立更精準的疾病預測模型，推動精準醫療（Precision Medicine）。
- AI藥物開發，加速新藥研發，降低成本與時間，例如AI可模擬藥物分子結構並預測其效果。

創富機會

- 醫療AI平台、AI影像診斷技術、新藥開發AI助手將成為下一波醫療科技的熱門投資標的。
- 基因分析與個人化健康管理AI將成為保健市場的重大突破點。

3. 自然語言處理（NLP）與AI助手

史丹佛的NLP研究團隊與OpenAI（ChatGPT開發公司）、DeepMind、Google Bard等企業有深度合作：

- 更強大的多模態AI（Multimodal AI），結合NLP、影像辨識、語音合成，打造更智能的AI助手。
- 生成式AI（Generative AI），讓AI具備更高的創造力，如AI自動生成文章、影像、影片等內容。
- AI人機互動技術，提升AI的理解能力，讓AI助手更像真人。

創富機會

- 企業AI助手、自動化客服、智能行銷AI、AIGC（AI內容生成）產業正在快速成長，企業若能整合NLP技術，將擁有龐大的市場潛力。
- 虛擬人（AI數字人）市場正在興起，未來可應用於直播、教育、娛樂等領域。

4. AI機器人與仿生技術

史丹佛與NASA、Tesla、Boston Dynamics等企業合作，推動AI機器人技術的發展：

- **AI物流機器人**：提升倉儲與物流效率，如AI無人倉儲、配送機器人。
- **AI醫療機器人**：協助外科手術、長照護理、復健治療等應用。
- **仿生機器人**：開發更靈活的人形機器人，提升AI機器人的應用場景。

創富機會

AI機器人技術正在改變製造、物流、醫療、家居服務等領域，未來人機協作的產業將帶來大量投資機會。

史丹佛 vs 亞洲：思維模式與研究態度的不同

在與史丹佛的教授、研究員和學生交流後，我發現他們的思維方式與亞洲傳統教育體系存在明顯的不同，這些差異對企業與創業者來說，值得深入借鑑。

1. 自由跨領域學習，培養多元能力

史丹佛允許學生自由選修不同學科，例如：

- 電腦科學＋生物科技＋商業管理，培養跨學科思維。
- 設計思考（Design Thinking）與工程技術結合，讓學生學會如何將技術應用於實際問題。

亞洲教育體系則較為專業導向，例如：

- 工程師專注於技術，較少學習商業管理或行銷，因此創業時可能缺乏市場策略與商業思維。

> 醫學、法律、商學等學科之間的跨領域合作較少，不利於創新發展。

> 💡**啟示** 企業與個人創業者應鼓勵跨領域學習，例如技術人才學習商業與行銷、商業人才學習AI技術，讓自己具備更全面的競爭力。

2. 鼓勵失敗，強調快速試錯

史丹佛的創業文化強調：

> **快速試錯（Fail Fast, Learn Fast）**：透過MVP（最小可行產品）測試市場，不斷調整方向。

> **接受失敗，從錯誤中學習**：不將失敗視為終點，而是學習與進步的機會。

亞洲的傳統文化則較偏向避免失敗，導致創業者不敢嘗試，或是過度計畫，導致錯失市場先機。

> 💡**啟示** 創業者應更積極擁抱市場變化，快速測試想法，並從錯誤中學習，而不是等到所有條件完美才開始行動。

3. 強調創業生態系統，提供完整支持

史丹佛擁有完整的創業支持體系：

> 創業孵化器（如StartX）提供指導、資金與市場資源。

> 校友網絡幫助新創公司獲得投資與業界合作機會。

相比之下，亞洲的大學較少提供這類系統化的創業支持，這導致許多技術人才雖然擁有創新想法，但缺乏商業發展的機會。

> 💡**啟示** 企業與學校應該推動 創業支持系統，提供導師、投資、實習機會，幫助創業者更順利進入市場。

史丹佛的AI研究方向涵蓋自動駕駛、醫療AI、NLP、機器人技術，這些領域在未來5~10年內極有可能帶來巨大商機。

此外，史丹佛的創業文化、跨領域學習、快速試錯的思維模式值得亞洲企業與創業者學習。未來，唯有具備多元視角、靈活應變能力與全球市場視野的企業，才能真正把握 AI 時代的創富機會！

杜云安老師與史丹佛大學（Stanford）AI科學家Walter學術交流

$Q5$：到 UC Berkeley（UC 柏克萊大學）AI 實驗室的參訪，您印象最深的專案或研究是什麼？該實驗室有何獨特之處？

UC Berkeley 的 AI 研究常跟產業界、創投機構緊密合作，您觀察到哪些值得亞洲或台灣學習的「學研合作模式」？

UC Berkeley VS Stanford：兩校AI研究風格的差異

在造訪UC Berkeley AI實驗室後，我發現它與Stanford大學在AI研究方向上有明顯的風格差異，這種對比對許多關注AI發展的人來說，應該會非常有趣。

UC Berkeley偏重AI理論與基礎研究

- 主要聚焦在強化學習（Reinforcement Learning, RL）、開源AI工具、自動駕駛、機器學習的基礎理論研究。
- 例如，知名的AlphaGo（阿爾法圍棋）技術，其核心的深度強化學習（Deep Reinforcement Learning），就是由Berkeley的AI團隊參與研發的。
- 在機器人技術方面，UC Berkeley創建了DeepDrive開源自駕車技術，專注於提升AI的感知與決策能力，這是目前許多自駕車企業採用的技術框架之一。

Stanford偏重AI應用與產業合作

- 主要發展生成式AI（Generative AI）、大語言模型（LLM）、企業AI應用、自駕車技術的商業落地。
- 與Google、Tesla、Meta（Facebook）等企業深度合作，讓AI技術更快進入商業應用層面。
- Stanford AI團隊的研究更強調如何將AI快速轉化為創新產品或商業解決方案，例如ChatGPT、企業AI助理等。

總結：

- 想學習AI理論與基礎技術，可以選擇UC Berkeley。
- 想學習AI應用與創業，則Stanford會是更好的選擇。

UC Berkeley AI研究的亮點與印象最深的專案

在UC Berkeley AI實驗室的參訪中，我對以下幾個研究專案印象特別深刻，這些技術未來都有可能成為產業變革的關鍵：

1. 自動駕駛與開源技術

- **DeepDrive開源平台**：這是一個開源的AI自駕車框架，允許全球AI研究人員與公司共同開發與優化自動駕駛技術。

- 與Tesla、Waymo（Google自駕車部門）深度合作，開發更強的AI決策演算法，讓自駕車能夠在更複雜的環境中運作。

創富機會

AI智慧交通管理系統、無人計程車（Robotaxi），都將是未來高成長市場。

2. 機器人強化學習

- UC Berkeley在仿生機器人與AI自適應學習領域處於世界領先地位，與Boston Dynamics、NASA、Tesla Optimus等機器人公司合作。

- 仿生機器人（Bionic Robots）可用於工廠自動化、醫療照護、智慧物流等領域。

創富機會

AI物流機器人、智慧醫療機器人，將是全球自動化浪潮的一部分。

3. 醫療AI與基因工程

- **精準醫療（Precision Medicine）**：利用AI進行基因分析，幫助開發個人化醫療方案。

- UC Berkeley在AI藥物研發與醫療決策AI領域的研究，與

Mayo Clinic、輝瑞（Pfizer）等生技公司合作，希望降低新藥開發成本與時間。

💲 創富機會

AI＋生物科技、AI新藥開發、醫療AI診斷技術，將是未來AI與健康產業的交匯點。

🪐 UC Berkeley的創業合作模式：與產業界、創投的緊密合作

UC Berkeley與創投機構（VC）、企業界的合作模式，與Stanford不太相同，但仍然極具價值。我發現以下幾點值得台灣或亞洲學習：

1. 創業孵化器與加速器

- 📍 SkyDeck創新加速器（SkyDeck Accelerator）：
  - 這是UC Berkeley最大的創業孵化器，專門幫助AI創業公司成長。
  - 每年提供20萬美元的種子基金，並對接頂尖VC，如Sequoia Capital、Andreessen Horowitz、Google Ventures等。
  - 過去成功案例之一：DeepAI，一家影像辨識AI公司，獲得5000萬美元融資。

🤝 台灣可以借鑑的做法：

建立「台灣版SkyDeck」，讓台大、清大、交大等頂尖學府聯手，打造AI創業孵化器，吸引國際VC投資

2. 學研與創投的緊密結合

- 📍 UC Berkeley透過商學院（Haas School of Business）與風險投資機構（VC）緊密合作，讓學生有機會直接接觸投資人。
- 📍 舉辦創業競賽、AI創業黑客松，讓新創團隊有機會獲得VC投

資。

📍 Berkeley AI 研究員會與 VC 合作，共同孵化 AI 技術轉化的商業應用。

🤝 **台灣可以借鑑的做法：**

鼓勵學校、創投、企業建立「AI 技術轉化平台」，讓學術研究更容易走向商業應用。目前香港、新加坡的大學已經在推動類似模式，台灣應該儘早跟進。

3. VC 與產業界積極尋找 AI 人才

在 UC Berkeley Haas 商學院參訪時，我發現：

📍 許多全球頂尖 VC（如 SoftBank、Google Ventures）都會定期到校園招募 AI 項目與人才。

📍 許多知名科技公司，甚至主動進駐校園，與學生、研究團隊合作。

🤝 **台灣可以借鑑的做法：**

讓企業直接與大學合作，共同投資 AI 研究，減少學術與產業脫節的問題。或是讓台灣的創投機構更積極投入 AI 領域，並與國際投資機構接軌。

UC Berkeley AI 實驗室的核心價值

在 UC Berkeley 的 AI 研究與產業合作中，我觀察到幾個關鍵優勢：

☑ 強調基礎 AI 理論研究，擁有全球頂尖的 AI 科學家
☑ 開源技術與學界合作，讓 AI 更加民主化
☑ SkyDeck 創業加速器，讓 AI 創業公司快速成長
☑ 與產業界、創投機構緊密合作，幫助技術轉化為商業價值

亞洲與台灣可以學習的重點：
1. 建立「台灣版SkyDeck」，提供AI創業者更好的孵化與投資機會。
2. 讓學術研究更快轉化為產業應用，鼓勵VC與AI團隊直接合作。
3. 推動「產學合作AI生態系統」，讓AI人才與企業、投資人緊密連結。

UC Berkeley的模式證明了「AI＋創投＋產業合作」是未來成功的關鍵！

杜云安老師與史蒂文‧加蘭（Steven Garan）於加州柏克萊大學AI生物科技研究所交換新書

Q6：在參訪NVIDIA時，您最關注的是哪個AI相關的解決方案或產品線？為什麼認為它有潛力成為未來「創富」的關鍵？

這次參訪NVIDIA，讓我深刻體會到它在AI硬體與軟體生態系統中的領導地位。NVIDIA不僅是全球GPU設計與AI計算平台的霸主，更是深度學習、大模型訓練、AI雲端計算、機器人技術、智慧醫療等領域的重要推動者。

在整個參訪過程中，我最關注的AI相關解決方案有三大關鍵領域，這些技術不僅代表了未來AI的發展方向，也極具創富潛力。

AI計算基礎設施：NVIDIA GPU與AI超級電腦

NVIDIA的GPU（圖形處理器）是當今AI訓練與推理計算的核心引擎，特別是在大型語言模型（LLM）、自動駕駛、醫療AI、金融AI、元宇宙等領域的應用。這次參訪讓我特別關注到：

- **H100 Tensor Core GPU**：專門針對AI訓練與推理優化，支援Transformer模型加速，大幅縮短AI訓練時間。
- **DG × H100AI超級電腦**：專為LLM訓練、大規模AI計算設計，是OpenAI、Google DeepMind、Tesla等AI企業使用的核心運算設備。
- **NVIDIA AI Enterprise**：一個專為企業設計的AI軟體套件，幫助企業快速導入AI。

創富機會

1. AI雲端計算市場的爆發

- 隨著AI產業需求激增，企業不再自行購買AI伺服器，而是使用NVIDIA GPU雲端服務（如AWS、Azure、Google Cloud）。
- 投資AI雲端運算基礎設施、租賃NVIDIA DGX AI計算資源，將是未來AI創業與投資的重要趨勢。

2. AI晶片產業的黃金時代

- AI計算需求持續上升，NVIDIA GPU已經成為現代數位經濟的基礎設施，未來企業AI計算需求只會增加，帶動半導體與雲端運算產業爆發式成長。

AI＋自動駕駛：NVIDIA Drive平台

NVIDIA在自動駕駛領域也佔有關鍵地位：

- **NVIDIA Drive Orin & Thor**：這是全球最強的車載AI晶片，已被Tesla、Mercedes-Benz、Waymo、百度Apollo等企業採用，用於自駕車的AI計算。
- **NVIDIA Drive Sim**：基於Omniverse技術，提供自駕車AI模擬訓練平台，加速AI模型的學習。

創富機會

1. 自駕車即將進入商業化階段
- 企業正投入大規模資金研發自動駕駛技術，而NVIDIA提供核心AI晶片與計算平台。
- 投資自駕車AI軟體公司、開發AI運算服務、智慧交通基礎設施，將是下一波科技浪潮。

2. 智慧交通與AI汽車產業
- 自動駕駛技術不僅影響汽車業，還將改變智慧交通系統、物流配送、無人計程車（Robo-Taxi）產業，創造全新的商業模式與投資機會。

AI＋機器人&產業應用：NVIDIA Isaac與AI工業自動化

NVIDIA的Isaac AI機器人平台讓機器人變得更加智慧，特別是在工業自動化、智慧製造、醫療AI等領域：

- **NVIDIA Isaac Sim**：可在Omniverse上進行機器人AI訓練與模擬，幫助機器人適應不同環境。
- **NVIDIA JetsonAI Edge平台**：適用於無人機、智能機器人、智慧工廠設備。

創富機會

1. 工業4.0與AI自動化

- 智能製造＋AI機器人技術將是未來工業的核心，NVIDIA的AI智能機器人平台加速工廠自動化轉型。
- 投資AI機器人公司、智慧物流、AI自動化工廠，將成為未來十年的黃金產業。

2. AI醫療機器人市場

- NVIDIA與醫療設備公司合作，利用AI輔助外科手術、醫療影像分析、長照機器人。

杜云安老師與Nvidia高層AI部門主管Wilson結為好友

- AI＋醫療市場將爆發，醫療機器人將成為未來新興產業。

NVIDIA是AI世界的「算力基礎」，未來仍將持續主導AI產業。這次參訪NVIDIA讓我深刻體會到，它不僅僅是一家GPU晶片公司，而是AI時代的基礎設施提供者。NVIDIA的AI計算技術已滲透到雲端運算、自駕車、智慧醫療、機器人、元宇宙等各大新興產業，擁有無限的商業價值。

NVIDIA相關的「創富機會」總結

1. **投資AI計算基礎設施**：租賃AI伺服器（DGX）、開發AI雲端服務。
2. **布局AI自動駕駛產業**：投資智慧交通、自駕車AI軟體、智慧物流系統。
3. **進軍AI機器人與工業4.0**：開發AI工業自動化、AI智慧醫療機

器人、智慧製造設備。

4. **關注AI軟體生態系統**：投資AI模型訓練、AI影像處理、智慧醫療平台。

NVIDIA的技術正在重塑全球產業版圖，未來5~10年內，AI商機將達數兆美元規模，這是一場科技與商業的黃金機遇！

Q7：NVIDIA如何在全球範圍內推動「AI加速計畫」或開放平台，以培養開發者社群？對企業與創業者來說，這意味著什麼機會？

在這次參訪NVIDIA的過程中，我發現NVIDIA不僅是一家GPU晶片公司，更是一個完整的AI生態系統的建構者。黃仁勳（Jensen Huang）帶領NVIDIA不斷推動AI發展，透過開放平台、全球開發者社群、AI加速計畫，幫助企業與創業者更快進入AI領域。

NVIDIA的策略是不僅提供硬體（GPU），更打造完整的軟體工具與開發者社群，讓AI企業能夠更快速地創新與商業化。這對創業者與企業來說，意味著巨大的市場機會，特別是在AI應用開發、雲端運算、智能製造、自駕車、智慧醫療、元宇宙等領域。

NVIDIA全球AI加速計畫：推動AI發展的關鍵策略

目前，NVIDIA透過幾大核心計畫來培養開發者社群，並幫助企業加速AI轉型：

1. NVIDIA Inception Program（AI創業孵化器）

◆ 計畫介紹
- 這是一個全球性的AI創業孵化計畫，旨在幫助新創公司獲得技術支持、投資機會與市場資源。
- 參與企業可獲得免費的GPU雲端算力、AI軟體開發工具、業界專家指導，以及與風險投資（VC）對接的機會。
- 目前已有超過15,000家AI新創企業參與該計畫，涵蓋自駕車、醫療AI、機器人、智慧金融等領域。

◆ 創業機會
1. AI新創企業可透過NVIDIA Inception Program獲得VC投資與技術支持，加速產品商業化。
2. AI軟體開發者可利用NVIDIA的計算資源（如GPU雲端平台），降低AI訓練成本，加速AI產品開發。

2. NVIDIA GTC（GPU技術大會）：全球AI創新者交流平台

◆ 計畫介紹
- GTC（GPU Technology Conference）是NVIDIA每年舉辦的AI技術峰會，吸引全球AI開發者、企業與投資人參與。
- 主題涵蓋AI、大數據、雲端運算、自駕車、機器人、元宇宙等，幾乎所有最前沿的AI技術都在這裡展示。
- 企業可在GTC進行技術發表、產品展示，並與NVIDIA生態系統對接，獲得更多市場機會。

◆ 創業機會
1. 參加GTC能夠了解最新的AI技術趨勢，與全球AI領袖、投資人建立合作關係。
2. 企業可透過GTC推廣AI產品，提高品牌曝光度，獲得更多產業

合作機會。

3. NVIDIA Deep Learning Institute（DLI）：AI開發者培訓平台

◆ **計畫介紹**

- NVIDIA DLI是一個全球性的AI教育與培訓計畫，幫助開發者學習AI相關技術，如深度學習、機器學習、資料科學、電腦視覺等。

- 企業與開發者可以參加線上或實體課程，獲得NVIDIA認證，提高AI專業技能與市場競爭力。

◆ **創業機會**

1. AI產業人才需求激增，企業可培訓內部員工學習AI技術，提高公司競爭力。

2. AI創業者可參與DLI計畫，獲得NVIDIA認證，提高自身技術價值與求職機會。

4. NVIDIA Omniverse：AI＋元宇宙的未來

◆ **計畫介紹**

- Omniverse是NVIDIA推出的3D協作與模擬平台，允許AI開發者在虛擬環境中訓練AI模型，應用於自駕車、智慧工廠、元宇宙等領域。

- 企業可透過Omniverse進行AI訓練、數位孿生（Digital Twin）建模，打造智慧城市、智能工廠等應用。

◆ **創業機會**

1. Omniverse在3D設計、工業AI、虛擬世界建構等領域將帶來新的商業機會，適合新創企業進入。

2. 企業可利用Omniverse進行數位孿生技術應用，提升生產效率

與產品開發速度。

NVIDIA AI開放平台：軟硬體結合的完整生態系統

NVIDIA不僅提供AI硬體（GPU），還打造了一整套完整的AI軟體與開發工具，包括：

- CUDA平台（AI運算加速）
- TensorRT（AI模型最佳化）
- Triton Inference Server（AI伺服器推理技術）
- NVIDIA Metropolis（智慧城市AI）
- NVIDIA Clara（AI醫療平台）
- NVIDIA Isaac（機器人AI）

這些技術能夠讓開發者快速開發AI應用，並與NVIDIA硬體無縫結合，加快AI產品上市時間。

◆ 創業機會

1. 開發AI應用的公司可以利用NVIDIA的開放平台，降低開發成本，加速產品上市。
2. 投資AI軟體與應用開發，將有機會在智慧城市、AI醫療、工業4.0產業中取得競爭優勢。

NVIDIA如何幫助AI創業者與企業

NVIDIA不僅是一家GPU晶片公司，更是一個全球AI創業與開發者生態系統的推動者。透過Inception Program、GTC、DLI、Omniverse等計畫，NVIDIA讓企業與創業者更容易進入AI領域，降低門檻，縮短AI技術落地時間。

對企業與創業者的機會

1. 透過 NVIDIA Inception Program 獲得 AI 產業投資與技術支援，加速商業化。
2. 參與 NVIDIA GTC，與全球 AI 領袖與投資人建立聯繫，提高品牌曝光度。
3. 參與 NVIDIA DLI 計畫，提升 AI 技術能力，提高市場競爭力。
4. 利用 NVIDIA Omniverse 進行 AI 訓練、數位孿生應用，搶佔元宇宙市場。
5. 利用 NVIDIA AI 平台（CUDA、TensorRT 等），快速開發 AI 產品，提高市場滲透率。

隨著 AI 市場規模迅速擴大，NVIDIA 已經成為全球 AI 產業的核心推動力，任何想要進入 AI 產業的企業或創業者，都應該利用 NVIDIA 提供的生態系統與資源，搶佔這波 AI 創富浪潮！

Q8：在與 NVIDIA 內部工程師或管理人員交流中，您感受到他們在組織文化或專案管理上的哪些特色，值得亞洲公司學習？

這次參訪 NVIDIA，透過與內部工程師與管理層的交流，我深刻感受到 NVIDIA 獨特的組織文化與專案管理方式，這些特色不僅造就了它在 AI 與 GPU 領域的全球領先地位，更值得亞洲企業學習與借鑑。

NVIDIA 的組織文化特色

在與 NVIDIA 工程團隊交流後，我發現他們的組織文化高度技術

驅動（Technology-Driven），同時兼具開放性與靈活性。這種文化主要體現在以下幾個方面：

1. 願景驅動（Vision-Driven）：長期技術突破，而非短期財務目標

- NVIDIA創辦人兼CEO黃仁勳（Jensen Huang）本身是工程師，對技術細節非常了解，並親自參與AI與GPU產品規劃。
- 重視長期技術突破，而非短期營收表現。
  - 舉例來說，NVIDIA很早就投入AI計算晶片研發，在AI還未爆發時，這樣的投入被視為風險極高的決策，但最終造就了今天的AI GPU市場主導地位。
  - 這與許多亞洲企業過於關注短期財務表現，較少投入前瞻技術形成鮮明對比。

2. 技術決策權掌握在工程師手中

工程師擁有很高的決策權，只要有技術證據支持，他們可以挑戰現有決策，公司也會迅速調整方向。例如，NVIDIA的CUDA平台最早並非管理層決定，而是工程團隊主動提出並推動落地。這與許多亞洲公司「決策層與技術層脫節」的情況不同，在NVIDIA，技術人才擁有高度發言權。

3. 任務導向（Mission-Oriented）：無打卡制度，但強調責任

NVIDIA不採用上下班打卡制度，員工完全以專案目標為導向，而非依賴「工作時數」來衡量績效。這種高度自主的文化，讓工程師能夠自由安排工作時間，只要能在期限內交付成果，公司就給予最大的彈性。這與亞洲許多企業仍然採取傳統「工時至上」的管理模式有所不同，NVIDIA更注重「結果」，而非「過程」。

NVIDIA的專案管理方式

NVIDIA在專案管理上 高度強調敏捷開發（Agile Development）與跨部門協作（Cross-Functional Collaboration），這使得它能夠快速適應技術變革與市場需求。

1. 敏捷開發（Agile Development）：快速迭代、試錯

NVIDIA採取快速試錯（Fail Fast, Learn Fast）的策略，不追求一次完美，而是透過最小可行產品（MVP, Minimum Viable Product）測試市場，然後再根據反饋快速調整。舉例來說，NVIDIA在AI GPU產品開發時，並不會等待「完美產品」再推出，而是先推出Beta版本，讓開發者測試，然後根據市場回饋不斷優化。這種靈活迭代的方式，與亞洲企業習慣「等產品100%完美後才上市」的模式形成對比。

亞洲企業可以學習的點：

應該鼓勵「快速試錯」，讓新技術盡快進入市場，透過市場回饋進行優化，而非等到所有功能完美後才發布。

2. 跨部門協作（Cross-Functional Collaboration）：無傳統「部門牆」，推動創新

在NVIDIA，各部門之間的界線較模糊，專案團隊通常由來自不同部門的成員組成，共同協作完成目標。例如，在開發新一代GPU時，工程師、AI研究員、產品經理、行銷團隊會組成跨部門小組，共同決策產品方向。這與許多亞洲企業「部門之間資訊不流通，決策層與執行層脫節」的問題相反。

亞洲企業可以學習的點：

減少部門壁壘，建立跨部門專案團隊，讓不同背景的人員共同參與決策，提升創新能力。

3. 開放決策文化（Open Decision-Making）：鼓勵挑戰現有策略

NVIDIA允許員工挑戰上級的決策，只要能夠提供技術或數據證據支持，公司就會考慮調整方向。例如，NVIDIA早期的GPU主要用於遊戲圖形運算，後來內部有工程師提出AI計算需求，公司迅速轉向AI領域，這才成就了今日的AI市場領導地位。這種文化鼓勵創新，而不是「高層決定、下屬執行」的單向管理模式。

🌐 亞洲企業可以學習的點：

應該鼓勵員工提出創新建議，並建立「技術驗證機制」，讓創新的想法有機會被採納，而不是一味服從管理層的決策。

🧠 NVIDIA組織文化與專案管理的核心價值

透過這次參訪，我對NVIDIA的成功之道有了更深的理解。它之所以能夠在AI、GPU、市場創新方面保持全球領先，正是因為它具備以下關鍵文化特點：

- ☑ **願景驅動**：專注於長期技術突破，而非短期財務報表。
- ☑ **技術導向**：工程師擁有高度決策權，技術驅動創新。
- ☑ **任務導向**：無打卡制度，但強調目標與責任。
- ☑ **敏捷開發**：快速試錯，透過MVP快速迭代。
- ☑ **跨部門協作**：部門之間無明確界限，專案團隊自主決策。
- ☑ **開放決策文化**：鼓勵員工挑戰決策，技術與數據導向決策。

🌐 亞洲企業應該學習的重點：

1. 建立技術決策機制，讓工程師參與公司核心戰略，而非單純服從管理層指示。
2. 減少「部門牆」，推動跨部門協作，提升創新效率。

3. 採用「敏捷開發」，讓新技術快速投入市場，透過市場回饋持續優化。
4. 營造開放決策文化，讓員工能夠主動挑戰現有策略，提升企業競爭力。

NVIDIA的成功模式證明了「技術驅動＋開放文化＋敏捷創新」才是未來企業競爭的關鍵，這正是亞洲企業需要學習與調整的方向。

Q9：您拜訪Slash公司時，有看到他們在AI與新創結合上的哪些創新？該公司在業界或市場上扮演什麼角色？

Slash在團隊組成與資金運用策略上，有沒有特別值得關注或能啟發其他新創的地方？

Slash是一家AI驅動的金融科技（FinTech）創新企業

這次參訪Slash，讓我深刻體會到AI在金融科技領域的創新應用。該公司是一家基於AI的自動化支付與金融基礎設施的新創企業，已成功獲得四輪風險投資，累計融資超過6億美元，在FinTech領域的影響力不容小覷。以下是Slash在AI及FinTech領域的創新：

1. AI驅動的支付風控系統

Slash透過AI來分析交易數據，偵測異常行為，例如：
- 信用卡盜刷（Fraud Detection）
- 洗錢交易（Anti-Money Laundering, AML）

- 詐欺交易（Scam Detection）

這些風控功能依賴機器學習（ML）與強化學習（RL）訓練的反詐欺系統，可自動偵測可疑交易，降低金融機構的風險。

2. AI自動化支付＆訂閱管理

- Slash的AI支付API幫助SaaS（軟體即服務）公司與電商平台自動管理訂閱服務與交易，類似Stripe Billing的模式。
- 採用大語言模型（LLM）＋RPA（機器流程自動化），讓支付流程更智能化，減少手動管理需求。

3. NLP（自然語言處理）＋電腦視覺（CV）

Slash使用NLP與CV技術來分析用戶行為，透過AI辨識虛假身份、異常交易模式，進一步提高支付的安全性。

市場影響力

- Slash正迅速成為FinTech領域的新星，特別是在AI風險管理、數據分析、支付安全 方面具有領先優勢。
- 與傳統支付平台（如PayPal、Stripe）相比，Slash具備更強的AI風險監控能力，能夠即時攔截詐欺交易。

Slash的組織文化與團隊組成：新創企業的極致典範

在與Slash執行長及團隊交流後，我觀察到該公司的組織文化與人才策略非常值得亞洲新創企業學習。

1. 超年輕創業團隊

- 執行長是史丹佛大學輟學生，創業時僅20歲。
- 共同創辦人來自加拿大滑鐵盧大學（University of Waterloo），兩人在大學時期就開始創業。

- 公司平均年齡22~25歲,員工來自多元背景(白人、黑人、華人等),展現全球化團隊優勢。

💡 啟發
- ✦ 創業不需要等到畢業!只要有技術與創新想法,就能快速進入市場。
- ✦ 多元背景的團隊能夠帶來更多創新視角與解決方案。

2. 極致自由的工作文化
- 無打卡制度,員工自由安排工作時間,但結果導向。
- 公司提倡股權共享,每位員工都是公司股東,激勵員工高度參與與投入。
- 辦公環境自由,沒有固定座位,員工可隨時交流與合作。
- 公司內提供免費餐飲,創造舒適的創業氛圍。
- 許多員工甚至「睡在公司」,專注於開發自己的AI產品。

💡 啟發
- ✦ 結果導向的企業文化,比傳統「工時管理」更能提高員工動力與創造力。
- ✦ 提供開放式辦公環境,讓員工能夠自由交流,激發創新靈感。
- ✦ 亞洲企業可以學習透過「股權激勵」,讓員工更有歸屬感,投入長期發展。

3. 靈活的募資與市場策略
- 成功獲得NEA(New Enterprise Associates)、史丹佛大學基金等頂級創投支持。
- 策略性吸引「AI+金融」產業的投資人,讓公司能快速擴展市場。
- AI+FinTech是市場趨勢,投資人願意給年輕團隊機會,前提

是技術與市場模式要清晰。

💡 啟發

- ✦ 創業者應積極尋找對口產業的投資機構，提高募資成功率。
- ✦ 與知名大學的投資基金合作（如MIT、Stanford），能夠提高創業成功機率。

🐌 Slash的成功模式，值得新創企業學習

這次參訪Slash，讓我更深刻理解AI如何改變金融科技（FinTech）產業，以及新創企業如何透過技術創新、靈活組織文化、強大募資策略，快速成長為市場領導者。

1. AI + FinTech 的創新應用

- 📍 Slash在支付安全、詐欺偵測、訂閱管理等領域，透過AI大幅提升金融科技的效率與安全性。
- 📍 AI + 金融科技市場仍在高速成長，未來創業機會巨大。

2. 年輕創業團隊的成功模式

- 📍 創業不需要等到畢業，只要有技術與市場機會，就能成功。
- 📍 多元背景的團隊，能夠帶來更強的創新力與市場競爭力。

3. 靈活與自由的組織文化

- 📍 無打卡制度，但強調結果導向。
- 📍 開放式辦公環境，促進團隊合作與創新。

杜云安老師與全球Slash獨角獸公司總裁Victor合作成功

📍 股權共享，讓每個員工都成為「共同創業者」。

4. 成功的募資與市場策略

📍 找到對口的投資人，專注「AI ＋金融」領域，提高募資成功率。

📍 與知名大學基金合作，提高品牌可信度與市場影響力。

Slash 的模式證明了 AI 在金融科技的巨大潛力，也證明了年輕創業者可以透過技術創新與靈活組織文化，在市場上迅速崛起。

這對於所有想進入 AI ＋ FinTech 領域的創業者來說，是一個極具啟發性的案例！

Q10：在此行中，您還與 AI 大師霍夫曼（Hoffman）見面交流過，他對於未來 AI 發展有哪些獨到的見解，讓您印象最深？

霍夫曼對「AI 與社會」的關係是否有特別強調的面向？他如何看待 AI 帶來的就業衝擊與倫理挑戰？

這次有機會與 AI 創投大師霍夫曼（Hoffman）交流，他的見解對 AI 創業、社會影響、法規發展方面都極具啟發性。他不僅是矽谷最具影響力的創投人之一，更是全球創業加速器 Founder Space 的創辦人，曾被《福布斯》評為全球十大創業導師。

🪐 霍夫曼對 AI 發展的核心見解

在交流中，霍夫曼強調了 AI 的未來發展方向，他認為 AI 剛剛進入黃金時代，接下來 10 年將是 AI 商業化與創業最關鍵的時期。他總結了

三大關鍵趨勢：
1. AI將持續顛覆多個產業
- AI不僅是技術變革，更是全球產業革命，它將影響金融、醫療、製造、教育、創意產業等所有領域。
- 未來5年內，90%的數位產品都會內建AI能力，不管是AI創作工具（AIGC）、智慧醫療、AI金融決策、自動駕駛，都將成為企業的競爭優勢。

2. AI創業應該關注垂直市場，而非通用AI
創業者不應該試圖挑戰OpenAI或Google，而應該專注AI在特定產業的應用，例如：
- AI＋健康照護（智慧診斷、醫療影像分析）
- AI＋企業應用（智慧客服、CRM、RPA）
- AI＋工業自動化（製造業AI優化）

未來的AI創業機會，在於「AI＋產業」的結合，而不是做通用AI。

3. AI監管將成為新挑戰
各國政府都已開始加強AI監管，特別是在隱私保護、演算法公平性、AI安全領域。AI合規（AI Governance）將成為一個新產業，幫助企業符合法規，降低AI風險。霍夫曼認為企業應該提前考慮AI合規性，而不是等到監管法規落地後才被動應對。

結論：
AI發展的機遇巨大，但創業者要聚焦垂直市場，並關注AI監管趨勢，才能真正把握這個黃金時代。

🧠 霍夫曼指出AI與社會的關係：人類不應該與AI競爭，而是與AI協作

在談到AI對社會的影響時，霍夫曼特別強調AI不是取代人類，而是與人類協作（AI＋Human Collaboration）。

1. AI取代哪些工作？創造哪些新機會？

📍 **容易被取代的工作：**

- 重複性高、規則明確的工作：
    - ▶ 數據處理（Data Entry）
    - ▶ 基礎程式開發（低代碼開發）
    - ▶ 會計＆法律文件分析（Legal Tech）

→AI可以更快、更精準地執行這些任務，因此這類職業未來將逐漸被AI取代。

📍 **不容易被取代的工作：**

- 創意設計（Creative Work，如影片製作、產品設計）
- 戰略決策（Strategic Decision-Making）
- 複雜的醫療診斷（Medical Diagnosis）

→AI不會取代創造力、情感交流、策略決策等高層次技能！

2. 企業與個人該如何適應AI時代？

📍 企業應該讓員工學習AI技能，而不是排斥AI。

📍 未來的工作將是「AI＋人類」的協作模式，而不是AI單獨取代人類。

📍 政府與教育機構應該推動AI培訓計畫，幫助勞動力適應變化。

3. 案例舉例：AI＋人類協作的工作模式

📍 **金融分析師**：AI負責數據計算，人類負責解釋數據與決策。

- **醫生**：AI負責分析X光，醫生負責最終診斷與與病人溝通。
- **軟體工程師**：AI負責寫程式碼，工程師負責架構設計與問題解決。

「AI會取代重複性的工作，但AI也會創造新的機會。企業與個人應該積極適應AI，而不是恐懼它。」

霍夫曼如何看待AI監管與倫理挑戰？

霍夫曼認為AI發展必須負責任，並且建立適當的監管機制，否則可能會帶來隱私風險、演算法歧視等問題。

1. AI監管應該採取「風險分級」的方式，而不是一刀切：

- 低風險AI（如AI助理）→ 可開放創新，較少監管
- 中風險AI（如AI醫療輔助）→ 需要審查，但仍可推廣
- 高風險AI（如AI自動武器、深度偽造技術）→ 需要嚴格監管

2. 企業如何應對AI監管？

1. 在產品設計初期就考慮AI隱私保護、數據倫理、演算法公平性
2. 與政府和監管機構合作，建立符合規範的AI模型
3. 建立AI風險評估機制，確保AI不會帶來社會危害

AI創業者必須積極關注AI監管趨勢，確保技術合規，否則可能會被市場淘汰。

霍夫曼的AI觀點對創業者的啟示

這次與霍夫曼的交流，讓我深刻理解AI不只是技術創新，更是全球經濟、社會與監管框架的重大變革。

☑ AI的黃金時代已經來臨，未來10年將是關鍵發展期。

- ☑ 創業應該聚焦「AI＋產業」，而非通用 AI，找到市場需求才能成功。
- ☑ AI 會取代重複性工作，但不會取代創造力與決策能力。
- ☑ 企業應該積極培養 AI 技能，而不是排斥 AI。
- ☑ 政府與企業需要負責任地監管 AI，確保其公平性與安全性。

「AI 不會取代人類，但懂得使用 AI 的人，將取代不懂 AI 的人！」

創業者與企業該做的，不是害怕 AI，而是學習如何與 AI 共存、利用 AI 創造新機會！

杜云安老師與
矽谷創投教父霍夫曼（Steve Hoffman）
於 Founders Space 孵化器交流

Q11：Apple（蘋果公司）是全球市值最高的科技企業之一，他們在 AI 與硬體整合上一直有獨特的玩法。您參訪蘋果時，最關注的是哪一塊？您觀察到蘋果在組織管理與研發流程上，跟其他矽谷巨頭有什麼不同？這樣的差異帶給公司哪些競爭優勢？

在這次參訪 Apple 時，我特別關注 AI 與硬體整合的領域，尤其是 Apple Intelligence（AI 產品與服務）以及 Siri 的智能化升級。Apple 在 AI 應用方面雖然相較於其他科技巨頭如 Google、OpenAI 起步較慢，但其整合方式更具特色，尤其是 AI 在晶片、語音助理、影像處理等領

域的應用，已經達到全球領先的水平。

AI與隱私的取捨：蘋果的核心競爭優勢

在與蘋果相關部門交流時，我明顯感受到「隱私」與「AI功能」之間的平衡是蘋果核心的產品理念。蘋果一向強調用戶隱私至上，因此他們在AI訓練上並不依賴大規模數據收集，而是強調「端側AI運算」（On-DeviceAI）。這種方法能夠確保AI功能的進步，同時避免將用戶數據存儲到雲端，減少潛在的隱私風險。

這點與Google和Meta的策略形成鮮明對比，這些公司主要依賴雲端數據來提升AI模型的能力。蘋果選擇走另一條路，開發Apple Neural Engine（神經網絡引擎）來讓AI運算在iPhone、Mac、iPad的本地設備上完成，而非依賴雲端運算。這種方式提升了AI功能的安全性，但也可能限制了AI模型的成長速度。

這對於其他AI企業來說是一個重要的啟示：如果想要在AI領域獲得競爭優勢，必須平衡「數據運用」與「隱私合規」。這也是未來AI發展的一個關鍵議題，尤其在歐盟、美國等市場對數據隱私的監管越來越嚴格的情況下，企業若能找到AI應用與隱私之間的最佳平衡，將能夠獲得更大的市場競爭力。

蘋果的研發與組織管理模式

相較於其他矽谷科技巨頭，蘋果在組織管理與研發流程上有一些明顯的不同：

1. 封閉生態與高度整合

蘋果的硬體、軟體、AI算法是全生態鏈整合，這使得它的產品體

驗比競爭對手更加順暢。例如，Apple Watch、iPhone、Mac之間的無縫連結，正是因為所有元件都由蘋果自家團隊研發，使其能夠確保最佳的使用者體驗。但這種模式也帶來了靈活性的限制，例如開發者無法自由修改系統核心，所有應用程式都必須通過 App Store 發行，這對於一些開發者來說，可能是個門檻。

2. 極端保密文化

與 Google 和 Meta 強調開放創新不同，蘋果採取的是高度保密的產品開發模式。例如，即使在內部，不同團隊之間也無法完全掌握彼此的工作細節，甚至內部測試機都會受到高度管控，開發工程師只負責自己的模組，而無法得知整個產品的完整架構。這種「黑盒子式」的開發模式，雖然讓外界難以預測蘋果的產品發展方向，但也確保了創新技術的競爭優勢，防止過早洩漏資訊給市場或競爭對手。

3. 產品研發以「用戶體驗」為核心

與許多科技公司先開發技術再尋找應用場景不同，蘋果的產品開發策略是「以體驗為核心」。也就是說，蘋果不會因為某項技術可行就立刻推出，而是會先考慮用戶體驗，再來設計產品。例如 iPhone 移除耳機孔，當時引發不少爭議，但長遠來看卻推動了無線耳機市場的發展。這種「用戶體驗驅動」的策略，使蘋果的產品能夠長期維持高品牌忠誠度。

4. 跨部門協作的精細分工

蘋果不像 Google 和 Meta 那樣有明確的產品經理角色，而是由跨部門團隊負責不同產品的開發。例如：

- 晶片開發團隊（Apple Silicon）專注於 M 系列與 A 系列處理器。
- 機器學習與 AI 團隊主要負責 Siri、影像處理等技術。

- UI/UX設計團隊專門研究用戶介面與交互體驗。

這種分工方式確保了每個領域的專業度，但也提高了內部協作的難度，這可能是蘋果在Steve Jobs時代研發速度較快，而現在新技術推出相對較慢的原因之一。

蘋果的競爭優勢與挑戰

◆ 優勢

1. **強大的品牌生態系統**：蘋果透過硬體＋軟體＋服務的閉環模式，確保了高用戶忠誠度，如iCloud、Apple Music、App Store等服務。
2. **隱私至上，AI本地化計算**：與Google、Meta依賴雲端AI運算不同，蘋果強調AI在裝置端運行，降低隱私風險，這也是其市場競爭力的關鍵。
3. **高度整合的硬體與軟體**：蘋果擁有完整的自研晶片（M1、M2、A18等），確保AI運算效率最大化，這與依賴第三方晶片的競爭對手相比具有巨大優勢。

◆ 挑戰

1. **封閉生態的局限性**：蘋果的封閉生態雖然能確保產品品質，但也限制了開發者的自由度。例如Spotify、Netflix等公司就曾抱怨蘋果App Store的抽成過高，限制了市場競爭。
2. **AI產品發展相對保守**：相較於OpenAI、Google在AI領域的快速突破，蘋果的AI發展較為謹慎，未來是否能夠趕上AI產業的進展仍有待觀察。
3. **創新速度減慢**：在Steve Jobs時代，蘋果的產品創新速度極快，

但如今研發決策趨於保守，外界對其AI產品（如Siri）的進展較為失望。

蘋果的AI策略與其企業文化息息相關，他們選擇了一條隱私優先、封閉生態、高度整合的路徑。這對於其他AI企業來說是一個值得學習的案例，尤其是在全球隱私監管趨嚴的時代，如何平衡AI進步與數據保護，將是企業未來競爭的關鍵。

杜云安老師在美國蘋果總部
與001號創始人丹尼爾（Daniel）探討AI趨勢

Part 5 / AI創富新格局

TOPIC 2

CXO一人公司的到來

吳宥忠老師的AI思維：
未來，CXO一人公司將成為創業的新標準，開創全新的商業時代！

◎ CXO一人公司從不可能到可能

CXO一人公司，簡單來說，就是一個人同時擔任企業中的所有高階管理職位（如CEO、CFO、CMO、CTO等），獨立運營一間公司，而不依賴傳統的大型團隊支持。在過去，這種模式幾乎無法實現，因為企業運作涉及多個專業領域，需要多名專業人才分工合作。但現在，隨著人工智慧、自動化工具、雲端運算的發展，創業者可以利用科技完成許多傳統上需要人力的工作，真正實現CXO一人公司的運作模式。

CXO一人公司並非只是「一人公司」，而是透過AI技術實現企業的高效運作，使個人具備企業級的競爭力。這種模式適用於自由工作者、數位創業者、內容創作者，甚至技術型企業家，讓單人創業不再是小規模經營，而是可以挑戰傳統公司模式。

過去為何難以實現？

在數位革命之前，創業需要大量人力來分擔企業運營的不同環節，

原因包括：
1. 企業運營的複雜度
　　創業涉及市場研究、行銷策略、財務管理、技術開發、業務拓展等多個領域，傳統上這些都需要專業團隊來負責。
2. 技術與工具的不足
　　早期企業運作高度依賴人力，許多工作如財務管理、業務開發、行銷推廣都需要專門人才，沒有合適的工具能夠替代。
3. 資訊不對稱與商業網絡的限制
　　創業者過去無法輕易獲得市場資訊、行銷通路與潛在客戶，導致單打獨鬥的難度極高。
4. 營運成本與資金需求過高
　　開辦一間公司通常需要租用辦公室、聘請員工、購買設備，這些都需要大量資本投入，單人創業者難以負擔。
5. 市場規模與業務拓展的挑戰
　　過去的行銷方式以線下為主，需要大量人力推廣，並沒有數位廣告或社群行銷這樣低成本、高效能的工具來支持個人企業發展。

為何過去創業需要大規模團隊，而現在不需要？

1. AI與自動化技術降低人力需求
- 過去，企業需要行銷團隊、客服團隊、財務部門，而現在AI可以自動產生行銷內容、回應客戶查詢、管理財務記錄。
- AI客服（如ChatGPT、AutoResponder）可代替真人處理大量客戶諮詢，節省人力成本。
- AI行銷工具（如Canva、AdCreative.ai）可快速製作社群內容，

讓單人創業者能夠輕鬆應對品牌推廣需求。

2. 雲端與 SaaS 工具取代企業內部系統

- 以前，企業需要購買昂貴的 ERP、CRM 系統來管理客戶與財務，現在這些功能透過 SaaS（如 Salesforce、Notion、Trello）即可低成本運行。
- 透過數位工具，個人可以像大公司一樣管理業務，無需內建技術團隊。

3. 數位行銷與個人品牌崛起

- 過去企業需要行銷團隊來管理廣告投放與品牌推廣，現在社群媒體與 SEO 行銷工具讓個人創業者可以輕鬆建立影響力。
- YouTube、Instagram、TikTok、LinkedIn 等平台，讓個人企業主能夠直接接觸全球市場。

4. 遠端工作與外包降低固定成本

- 以前企業需要雇用全職員工，如今可透過外包平台（如 Upwork、Fiverr、Toptal）以低成本獲取專業服務，而無需支付全職薪資與辦公室租金。
- CXO 一人公司可以將非核心業務（如設計、影片剪輯、翻譯）外包，保持高效運作。

影響 CXO 一人公司的瓶頸

三大核心瓶頸（技術、資本、人力）如何被 AI 解決？

1. 技術瓶頸 → AI 取代專業技術

- 過去企業需要技術團隊開發網站與應用程式，現在透過 No-Code/Low-Code 平台（如 Webflow、Bubble、Wix），個人即可完成網站搭建。

- AI工具（如GitHub Copilot、OpenAI Codex）幫助非技術背景的創業者撰寫程式碼，使開發變得簡單。
- AI自動化（如Zapier、Make）能讓不同軟體自動協同工作，減少手動操作。

2. 資本瓶頸 → 低成本創業工具
- 以前創業需要租賃辦公室，現在透過遠端工作運營企業，成本大幅下降。
- AI協助降低營運成本，如AI客服（減少人工客服開支）、AI行銷（減少廣告支出）、AI自動化財務管理（降低財務人員需求）。
- 透過訂閱制軟體（如Canva Pro、Notion AI、Shopify），創業者能夠低成本獲得企業級工具，而無需購買昂貴軟體。

3. 人力瓶頸 → AI與外包降低人力需求
- AI內容創作工具（如Jasper、Copy.ai）可自動生成廣告文案與行銷文章，取代傳統內容行銷團隊。
- AI翻譯與溝通工具（如DeepL、WhisperAI）讓個人創業者能夠跨國發展，無需雇用翻譯或多語客服。
- AI財務工具（如QuickBooksAI、Xero）可自動記帳與報稅，減少會計需求。

傳統企業的組織結構 VS AI賦能的個人企業

傳統企業	AI賦能的個人企業
CEO負責戰略	創業者利用AI數據分析做決策
CMO管理行銷團隊	AI自動生成行銷內容與廣告

CFO負責財務管理	AI記帳與稅務系統自動化
CTO帶領開發團隊	No-Code/Low-Code 平台降低技術門檻
人力資源部門負責招聘	外包與AI協作減少用人成本
需要固定辦公空間	遠端運營降低營運成本

CXO一人公司透過AI技術、自動化工具、遠端協作，使得個人創業者能夠與傳統企業競爭，甚至超越它們，創造出全新的商業模式。

- 過去，創業需要大規模團隊來處理技術、行銷、財務等工作，個人難以應對。
- AI與自動化工具已經突破技術、資本、人力的三大瓶頸，使CXO一人公司成為可能。
- AI賦能的個人企業模式，將傳統公司架構重新定義，降低創業門檻，讓任何人都有機會成為自己的CXO。

未來，CXO一人公司將成為創業的新標準，讓個人創業者擁有與大型企業競爭的能力，開創全新的商業時代！

AI時代讓CXO一人公司比上市企業還賺錢

AI技術的崛起，使得單人創業不僅可行，甚至能夠超越傳統企業的獲利模式。過去，大型企業依賴規模經濟與人力資源來驅動業務，而現在，一個人透過AI自動化與數位商業模式，可以輕鬆運營一間高盈利的企業，甚至比上市公司更賺錢。接下來將探討AI如何讓CXO一人公司在低成本、高槓桿的基礎上，創造超乎想像的收益。

AI自動化取代傳統公司部門

在傳統企業中，行銷、客服、財務、人力資源等部門需要數十甚至上百名員工來運營，而AI技術已經能夠取代大部分這些業務，讓CXO一人公司能夠獨立完成過去需要龐大團隊處理的工作。

1. **AI行銷：過去需要行銷團隊，現在AI全自動處理**
   - 廣告投放自動化：AI行銷工具如AdCreative.ai、Surfer SEO、Facebook Ads AI可根據市場趨勢與用戶數據，自動優化廣告投放策略，讓單人創業者比傳統行銷團隊更有效率。
   - 內容創作與社群管理：ChatGPT、Jasper AI、Canva AI等工具能夠自動撰寫部落格文章、廣告文案、社群貼文，甚至製作短影片。
   - 電子郵件與銷售漏斗：ConvertKit、ActiveCampaign讓AI主動與潛在客戶溝通，提升轉換率，而無需聘請銷售團隊。

2. **AI客服：過去需要客服中心，現在AI 24/7回應**
   - 智能客服機器人（如ChatGPT、Drift、Intercom）可以即時解答客戶問題，甚至能夠進行銷售與個性化推薦。
   - AI語音助理（如WhisperAI、Amazon Polly）可替代傳統電話客服，處理客戶需求與預約服務。

3. **AI財務管理：過去需要財務部門，現在AI自動處理**
   - 記帳與報稅AI（如QuickBooks AI、Xero）可自動分類交易、分析財務狀況，甚至生成財務報表。
   - 智能投資與資金管理（如Wealthfront、Betterment）讓創業者能夠輕鬆管理資金與投資，優化現金流。

4. **AI產品開發與技術管理**

- No-Code / Low-Code平台（如Webflow、Bubble、Thunkable）讓非技術背景的創業者能夠開發網站與應用程式，而無需聘請開發團隊。
- GitHub Copilot、OpenAI Codex幫助程式開發者更快地撰寫程式碼，提升技術生產力。

★ **結果**：傳統公司需要20～50人的部門，現在AI可幫CXO一人公司全自動處理！

全球化市場 VS AI助力的精準市場

傳統企業的挑戰：過去，企業為了擴大市場，必須雇用銷售團隊、參加展覽、拓展全球業務，這對於小型企業而言成本極高，難以與大型企業競爭。

AI賦能的小規模精準市場：

- 個人企業不需要大量人力，就能經營全球市場
  - AI自動翻譯（如DeepL、WhisperAI）讓個人企業能夠輕鬆推出多語言內容，打入國際市場。
  - 社群行銷（如TikTok、Instagram、YouTube）讓個人創業者透過短影音打造影響力，吸引全球客戶。
- AI助力精準行銷，比傳統企業更具競爭力
  - AI廣告優化（如Google Ads AI）可自動分析市場數據，精確投放廣告，提升ROI。
  - AI數據分析（如Looker、Google Analytics）幫助創業者追蹤用戶行為，制定精準行銷策略。

★ **結果**：小規模創業者不再受限於區域市場，而能以AI精準行銷模式打入全球市場！

低成本高槓桿的商業模式

1. **數位產品：零庫存高利潤**
   - 線上課程（如Kajabi、Teachable）讓個人企業主將知識變現，銷售無限次數而無需額外成本。
   - 電子書與數位教材（如Gumroad、Amazon Kindle）讓創作者能夠透過AI自動產出內容，持續賺取被動收入。
   - AI生成藝術與NFT（如Midjourney、OpenSea）讓個人藝術家能夠全球銷售作品，而無需中間商抽成。

2. **訂閱制：持續收入流**
   - AI讓個人創業者可以經營SaaS訂閱模式，透過No-Code開發應用程式，吸引客戶每月付費訂閱。
   - 內容創作者透過Patreon、YouTube會員獲取穩定訂閱收入，建立忠實用戶社群。

3. **自動化銷售漏斗：無需人工銷售**
   - ClickFunnels、Systeme.io讓CXO一人公司自動化銷售，讓流量變現變得更簡單。
   - AI聊天機器人與Email行銷（如ManyChat、ConvertKit）可主動跟進客戶，提升轉換率。

★ 結果：AI幫助個人企業建立可持續經營的「自動化盈利機器」，讓創業者擁有穩定被動收入！

一人公司如何透過AI年營收破億？

案例1：Alex Hormozi – 透過AI行銷、線上課程、訂閱制賺超過$100M

- 透過AI廣告投放自動優化YouTube、Facebook廣告，降低獲客成本。
- 銷售漏斗自動化，讓學員透過AI生成的Email持續購買更多高價課程。
- 訂閱模式＋數位產品，讓收入每月穩定成長。

案例2：Solopreneur企業家透過ChatGPT賺7位數美元
- 用AI產生內容，製作電子書與知識型課程。
- AI自動行銷，透過SEO＋廣告精準鎖定受眾，提升轉換率。
- 低成本高槓桿運營，全自動賺取收益，而無需大規模團隊。

★ **結果**：AI讓一人公司營收破億，且比傳統上市公司更有利可圖！

AI讓CXO一人公司比上市企業更賺錢

- AI取代傳統公司部門，大幅降低人力成本
- 全球化市場＋精準AI行銷，提升收入規模
- 低成本高槓桿商業模式，創造持續被動收入
- AI幫助個人企業突破傳統框架，輕鬆創造千萬甚至億級營收

現在正是創建CXO一人公司的最佳時機！AI已經讓個人創業變得前所未有地簡單、可行且高盈利！

關鍵AI工具如何助力CXO一人公司

AI技術已經成為CXO一人公司的最強助手，它不僅讓創業者能夠大幅降低營運成本，還能提高決策準確度，甚至超越傳統企業的競爭力。以下將介紹AI如何在內容生產、數據分析、客服管理、自動化運營等方面，全面賦能CXO一人公司，並探討如何從0到1建立一個基於

AI的完整商業模式。

🎧 AI內容生產：讓個人品牌與行銷成本近乎歸零

傳統的品牌行銷需要聘請專業的行銷團隊、設計師、影片剪輯師，而現在，AI技術已經讓這些工作自動化，使個人創業者可以低成本打造專業級的品牌內容。主要AI工具如下：

1. ChatGPT/Jasper AI / Copy.ai（文字創作）

自動生成高品質的部落格文章、廣告文案、社群媒體貼文。讓一人企業具備和專業行銷團隊相當的輸出能力。

2. Midjourney / DALL·E / Stable Diffusion（圖片與設計）

AI生成專業級的品牌圖片、廣告素材、網站插畫，無需聘請設計師。

3. RunwayAI / Synthesia / Pika Labs（影片與動畫）

AI生成廣告影片、教學影片，甚至透過AI數位人自動錄製銷售影片，降低內容製作成本。

★ **成果**：AI讓內容生產成本接近於零，單人品牌創業者能夠快速打造專業級行銷素材，並與傳統企業競爭。

🎧 AI數據分析與決策：比傳統企業更精準

CXO一人公司在沒有大規模人力的情況下，仍然能夠透過AI實現精準決策與市場分析，這是傳統企業難以做到的。主要AI工具如下：

1. AI交易（Algo Trading）

- AI分析市場趨勢，自動調整交易策略，讓個人交易者能夠像對沖基金一樣精準操盤。

- 工具：QuantConnect、Trade Ideas、AlphaSense

2. AI廣告投放（AI-Powered Ads）
- AI自動優化廣告投放，提高轉換率，減少廣告浪費。
- 工具：Facebook Ads AI、Google Performance Max、AdCreative.ai

3. CRM與客戶管理自動化
- AI預測客戶行為，精準推薦銷售內容，提高成交率。
- 工具：HubSpotAI、Salesforce EinsteinAI、Zoho CRMAI

★ 成果：CXO一人公司不需要大規模數據分析團隊，也能透過AI做出與上市企業同等級的決策，甚至更快更準確。

AI自動化客服與管理：讓CXO一人公司高效運作

一人公司無法全天候應對客戶查詢，這時候AI客服與自動化管理工具就發揮了極大的作用，讓CXO能夠輕鬆處理大量客戶需求與日常管理工作。主要AI工具如下：

1. AI客服與聊天機器人
- 透過AI聊天機器人自動回應客戶查詢，提高客服效率。
- 工具：ChatGPT、DriftAI、ManyChat、LivePerson

2. AI自動化工作流程
- AI自動處理日常工作，如郵件回應、文件整理、行程安排，減少人工管理時間。
- 工具：Zapier、Make（Integromat）、IFTTT

3. RPA（機器人流程自動化）
- 用於自動執行重複性事務，如發票處理、數據輸入、報表生成。

- 工具：UiPath、Automation Anywhere、Blue Prism

4. AI智能筆記與知識管理
- 自動總結會議內容、整理筆記，提升學習與決策效率。
- 工具：Notion AI、OtterAI、RewindAI

★ 成果：AI讓CXO一人公司像擁有全職團隊一樣運作，節省80%以上的管理時間，提高工作效率。

從0到1的AI商業模式設計

CXO一人公司要成功，關鍵是如何利用AI工具構建一個完整的商業閉環，讓業務能夠持續自動化運行並獲利。以是AI商業模式設計的4大核心步驟：

步驟1：市場分析與定位
- 使用AI分析市場需求（Google Trends、ChatGPT）
- 尋找高需求的產品或服務領域（如線上課程、數位訂閱、AI工具應用）

步驟2：產品開發與內容生產
- AI生成品牌內容（ChatGPT、Midjourney、RunwayAI）
- 開發數位產品或訂閱服務（如線上課程、SaaS）

步驟3：自動化行銷與銷售
- AI投放廣告與優化轉換率（Google Ads AI、Facebook Ads AI）
- 搭建銷售漏斗（ClickFunnels、ConvertKit）
- AI聊天機器人處理客戶查詢（ChatGPT、Drift）

步驟4：客戶服務與營運管理
- 自動化客戶管理與分析（HubSpot AI、Salesforce AI）

- 自動發票與收款系統（Stripe AI、Square AI）

案例：AI商業模式的應用

- 一人企業家Alex透過ChatGPT創建部落格內容，每月吸引100萬訪客，透過AI廣告自動化變現，月營收突破10萬美元。
- 數位產品創業者Lisa利用Midjourney設計NFT藝術品，自動化銷售至全球市場，年收入達300萬美元。
- AI訂閱服務商Mark透過Notion AI創建AI商業策略模板，月收入超過5萬美元。

★ **成果**：透過AI商業閉環，一人公司可以自動化運作、持續產生收入，突破傳統企業限制，獲得極高的商業槓桿。

AI助力CXO一人公司超越傳統企業

- AI內容生產讓品牌行銷成本接近零，個人企業也能打造強大影響力。
- AI數據分析與決策讓CXO做出比傳統企業更精準的市場判斷。
- AI客服與管理讓一人公司擁有與上市企業同等級的服務與管理效率。
- AI商業模式設計讓CXO能夠構建完整的自動化盈利機制，無需大規模團隊。

現在，正是建立CXO一人公司的最佳時機！透過AI，你不再需要團隊，也能打造年營收千萬甚至億級的個人企業！

CXO如何利用AI建立千萬級收入的一人公司

AI時代，CXO一人公司不再只是小規模創業，而是有機會在短時間內創造千萬甚至億級收入。以下將系統化解析如何選擇適合AI化的產業，如何結合個人品牌與AI商業模式，以及如何透過AI來自動化擴展業務，實現極高的財務槓桿，最終分享成功案例，展示AI如何讓一人公司比上市企業還賺錢。

選擇最適合AI化的產業與利基市場

並非所有產業都適合CXO一人公司模式，但以下這些領域特別容易透過AI達成高槓桿收益：

適合AI化的一人創業領域：

產業類別	AI如何賦能	商業模式
顧問與教育	AI課程生成、AI客服輔助	線上課程、顧問諮詢、訂閱制
數位產品	AI內容創作、AI自動行銷	電子書、模板、數據工具
自媒體＆內容創作	AI影片生成、AI寫作	YouTube、部落格、Podcast
軟體/SaaS	No-CodeAI應用	AI SaaS訂閱模式
電子商務與自動化行銷	AI廣告優化、AI自動回應	直銷產品、AI客服管理

關鍵策略：選擇一個高毛利、低成本、可規模化的產業，然後利用AI來放大收益。

個人品牌與 AI 商業模式結合：顧問、數位產品、自媒體

在 AI 時代，個人品牌的影響力可以比傳統企業更大，因為 AI 讓個人創業者能夠極速建立專業形象並透過自媒體變現。

商業模式 1：AI ＋顧問（知識變現）

- 如何運作？
  - 透過 ChatGPT ＋ Notion AI 快速整理專業知識，建立顧問服務。
  - 使用 AI 自動回覆工具（如 Crisp、Drift）提升客戶體驗，減少客服工作量。
- 獲利方式：收取高單價顧問費，每月提供 AI 輔助的知識服務。

商業模式 2：AI ＋數位產品（零庫存高利潤）

- 如何運作？
  - 透過 Midjourney、ChatGPT 創建數位產品，如電子書、行銷模板、NFT。
  - 使用 AI 自動化銷售漏斗（ClickFunnels、ConvertKit）來自動化銷售。
- 獲利方式：數位產品可無限複製，建立「被動收入」模式。

商業模式 3：AI ＋自媒體（影響力變現）

- 如何運作？
  - 利用 Runway AI、Synthesia 自動生成 YouTube 影片，提升內容輸出速度。
  - AI 自動發布 TikTok、Instagram、YouTubeShorts，吸引全球受眾。

📍 **獲利方式**：YouTube廣告分潤、品牌合作、訂閱內容。

🎯 **關鍵策略**：結合AI技術，把個人品牌與可自動化運營的商業模式融合，形成穩定收入來源。

🌀 如何將AI當作「無限員工」來擴展業務

AI可以像「無限員工」一樣，7天24小時不間斷運作，幫助CXO一人公司擴大業務，關鍵在於以下四個AI角色的整合：

AI角色	主要工作	相關工具
AI行銷長（CMO）	廣告投放、自動行銷	AdCreative.ai、Surfer SEO
AI客服總監（CSO）	24小時自動回應	ChatGPT、Drift、ManyChat
AI財務長（CFO）	財務報表、數據分析	QuickBooks AI、Xero AI
AI營運總監（COO）	自動化工作流程	Zapier、Notion AI、RPA工具

🎯 **關鍵策略**：建立「AI企業內部架構」，確保業務運作順暢，將CXO的精力放在高價值決策上，而非日常管理。

🌀 低成本＋高槓桿策略：如何利用AI自動化擴大收入

為了讓CXO一人公司能夠突破傳統企業的限制，需要利用AI技術建立一個低成本、高槓桿、可自動化擴張的系統。以下是4大關鍵策略：

策略1：AI＋銷售漏斗，讓流量自動變現
- 自動化電子郵件行銷（ConvertKit, ActiveCampaign）
- AI智能廣告投放（Google AdsAI, Facebook AdsAI）

策略2：AI＋自動客服，減少90%人工服務成本

ChatGPT＋Chatbot（Drift, Intercom）讓AI處理客戶問題，無需人工回應。

策略3：AI＋訂閱制，打造穩定被動收入
SaaS軟體、數位課程 訂閱制模式，確保每月穩定現金流。

策略4：AI＋外包平台，打造全球化運營
透過Fiverr、Upwork外包設計、程式開發、行銷工作，讓CXO一人公司保持靈活性。

🎯 **關鍵策略**：利用AI技術建立「一人千面」的商業系統，讓收入可持續擴張，而不受限於人力成本。

如何透過AI在一年內超越上市企業的業績？

案例：John –AI驅動的數位創業家

- 📍 John透過ChatGPT生成部落格文章，創造高流量網站，每月吸引500萬訪客。
- 📍 利用AdCreative.AI投放AI優化廣告，將用戶引導至ClickFunnels自動化銷售頁面。
  - 透過Notion AI管理銷售流程，並讓AI客服24/7回應客戶問題。
- ★ **結果**：短短一年內，John的個人企業營收突破$10,000,000，超越許多上市公司。

關鍵成功因素：

1. AI內容驅動流量，讓品牌影響力持續成長。
2. AI自動化銷售漏斗，確保每個訪客都能被最大化轉換。
3. AI客戶服務，降低人力成本，提高客戶滿意度。

如何打造年營收千萬級的CXO一人公司

- 選擇適合AI化的高利潤產業，如顧問、數位產品、自媒體。
- 將個人品牌與AI商業模式結合，建立高槓桿、低成本的盈利模式。
- 利用AI作為「無限員工」，讓企業運作自動化，擴大業務規模。
- 運用AI銷售漏斗與自動化管理，實現高效率營運，打造千萬級收入。

現在就是最好的時機，透過AI，你可以從一人創業，建立比傳統企業更賺錢的CXO公司！

AI時代的個人企業帝國

未來企業趨勢：企業將從「人力密集型」轉變為「AI驅動型」！

　　AI技術的飛速發展不僅改變了企業運作的方式，也顛覆了傳統的組織結構。過去，創業需要團隊，擴展業務需要更多人力，但現在，AI技術讓個人企業能夠像跨國公司一樣運營，甚至比傳統企業更高效、更賺錢。這個趨勢不僅將改變商業生態，還將重新定義未來的企業模式。

未來的企業組織：個人企業 VS AI驅動公司

隨著AI技術的成熟，企業組織將呈現兩種極端發展趨勢：

1. **個人企業（Solopreneur）**：利用AI技術，一人公司能夠處理過去需要大型團隊才能完成的任務，低成本但高收益。
2. **AI驅動公司（AI-Driven Company）**：企業將大幅減少員工數量，以AI為核心驅動業務，形成「無人公司（No-Human Company）」模式。

個人企業 VS AI 驅動公司的關鍵差異

類型	個人企業（CXO一人公司）	AI驅動企業（無人公司）
人力需求	幾乎零（創業者＋AI）	AI＋極少量核心人力
企業核心	個人品牌＋AI自動化	AI演算法主導決策
成本結構	超低（訂閱制工具＋AI）	高度資本化，需開發專屬AI
擴展方式	數位產品、自媒體、訂閱制	大規模數據驅動市場滲透
盈利模式	被動收入＋高毛利數位產品	AI交易、智能供應鏈、自動化商業

趨勢解讀：未來企業不再需要大量員工，而是透過AI技術驅動業務運行，創業門檻將進一步降低，個人企業的獲利能力將不輸傳統公司。

AI＋CXO模式如何改變市場？

傳統企業面對AI趨勢的挑戰，將在以下幾個方面遭到顛覆：

1. 人力需求大幅縮減

- 過去需要上百人的企業，如今可能只需要AI＋少量核心員工來運作。
- 企業將裁減大量重複性工作職位，如客服、行銷、財務、人資。

2. 企業營運成本極速下降

- AI技術降低企業的基礎營運成本，企業不再需要龐大的管理層、辦公空間、行銷團隊。
- AI讓行銷、財務、業務開發等工作自動化，個人企業也能與大型公司競爭。

3. 傳統品牌模式崩潰

- AI自動生成品牌內容，讓個人創業者能夠低成本打造影響力。
- 自媒體、短影音、數位產品的興起，使傳統品牌廣告模式變得不再有效。

4. 產業競爭模式重塑

- 以AI為核心的企業將能夠即時適應市場變化，而傳統企業的決策速度過慢，將被淘汰。
- 個人企業將透過數據驅動的精準行銷，快速佔據市場份額，讓大型企業競爭力下降。

未來趨勢：企業將從「人力密集型」轉變為「AI驅動型」，AI ＋ CXO模式將成為主流商業運營方式。

如何從個人公司擴展為「AI驅動的無人公司」

當一人公司成功後，下一步就是利用AI技術擴展，將業務轉變為AI驅動的無人公司（No-Human Company），完全自動化運營。以下是AI驅動的企業擴展步驟：

1. 建立可自動化的商業模式

- 採用數位產品、訂閱制、SaaS，確保收入來源穩定且可規模化。
- 透過ClickFunnels、Systeme.io建立全自動銷售漏斗，提升客戶轉換率。

2. 利用AI員工取代傳統人力

- **AI行銷（AdCreative.ai、Surfer SEO）**：自動優化廣告與內容，持續吸引流量。
- **AI客服（ChatGPT、Drift）**：24小時自動應對客戶查詢，減少人力成本。

- **AI財務管理（QuickBooks AI）**：自動處理收款、記帳、稅務報表。

3. 讓AI驅動決策與市場分析
    - **CRM AI（HubSpot AI、Salesforce Einstein）**：分析客戶數據，自動推薦最適合的銷售策略。
    - **AI投資與交易（Algo Trading、Wealthfront）**：自動化投資與資本管理，確保財務穩定成長。

4. 無限擴展——將AI技術外包到新市場
    - 透過AI＋自動翻譯（DeepL、WhisperAI）進軍全球市場。
    - 使用低成本廣告＋AI精準行銷擴大市場份額，讓業務無限成長。

🎯 **關鍵策略**：利用AI技術不斷自動化業務，讓企業運營不再依賴人工，使「CXO一人公司」轉變為真正的「無人公司」。

🎯 CXO一人公司將如何重塑商業生態？

在未來10年，CXO一人公司將顛覆傳統企業，形成全新的商業生態系統：

2025～2030年的趨勢

1. 個人企業家比上市企業更賺錢

AI技術將讓一人公司能夠高效運作，超越傳統企業的盈利能力而自媒體、數位訂閱、AI SaaS將成為主流商業模式。

2. AI將取代90％的傳統企業崗位

AI將取代低技術含量的工作，如客服、財務、人力資源，讓企業變得更精簡高效。

3. 企業將從「團隊合作」轉變為「AI＋CXO模式」

企業將不再依賴人力，而是以AI作為核心運作機制。

4. 個人企業將無需大量資本即可建立全球化業務

AI技術將使任何人都能夠在短時間內打造國際品牌，進軍全球市場。

商業世界正在改變，未來將屬於懂得利用AI的個人企業家！

未來的機會：你該如何開始？

當我們回顧歷史，每一次技術革命都伴隨著一場創業浪潮。18世紀的工業革命催生了製造業巨頭；20世紀的電腦與網路浪潮誕生了微軟、Google、Facebook等新世代帝國。而今天，我們正站在另一場變革的門口——AI賦能下的創業革命。

這場革命最核心的特徵就是：「創業者可以不再仰賴龐大的團隊與資本，也能創造極高的槓桿價值。」這意味著，傳統企業的組織架構、營運成本與擴張模式正在被徹底重寫。未來10年，「一人公司」將成為創業主流，而這一切的關鍵，就在於AI的應用。

選擇適合AI化的高槓桿產業

若要打造CXO一人公司，第一步就是選對產業。不是所有行業都能靠AI助力創業，但有幾個產業很適合AI應用且具備極高槓桿性：

1. 顧問與培訓服務

例如財務顧問、行銷顧問、個人成長教練等。這些產業的核心是知識轉換，而AI可協助資料整理、簡報製作、課程設計與內容生成，大幅節省準備時間，擴大服務能力。

2. 數位產品與內容販售

如線上課程、電子書、模板資源包等。透過 AI 工具可以快速產出教案、文案、圖像與行銷內容，幾乎零成本創建可重複販售的數位商品。

3. 自媒體與品牌經營

YouTuber、TikToker、寫作者、個人品牌顧問。AI 可生成腳本、標題、影像、影片剪輯，甚至協助內容多語化，助攻全球流量。

4. SaaS 工具或服務訂閱制平台

利用低代碼工具與 AI 接口打造小型應用平台，針對特定市場需求（如預約排程、語音摘要、法務模板），打造訂閱營收模式。

以上這些產業的共通點是：可複製、可自動化、可放大，而這正是 AI 施力的最佳場域。

打造 AI 商業閉環：行銷 × 銷售 × 客服 × 財務全自動化

傳統企業往往需要多人團隊支撐銷售流程、行政處理與後端管理，而在 AI 助力下，這一切都能「模組化」，並構成商業閉環。以下是一個典型的 AI 閉環架構：

1. 行銷自動化

使用 Jasper、Copy.AI 生成文案，搭配 HubSpot、MailerLite 進行電郵行銷與潛在客戶養成；AI 工具可根據開信率與點擊率自動調整投放內容。

2. 銷售流程自動化

建立 ChatGPT 智能對話銷售腳本，讓網站訪客可獲得互動式銷售介紹；或用 AI 分析銷售漏斗，提升轉換效率。

3. 客服支援自動化

導入Chatbot或語音AI（如Intercom、Tidio、Twilio）處理用戶諮詢、常見問題與售後服務，提供24小時不間斷的客服。

4. 財務與帳務自動化

使用QuickBooks AI、Notion AI建立自動記帳、開發票與財務報表統整系統，甚至連年度報稅也能一鍵完成。

當上述系統全部串接後，即使只有「一人」創業，也能營運一個完整的「智慧公司」。

AI取代成本與人力：創業速度 vs 傳統企業

過去創業最大門檻之一是「前期投資」：租辦公室、請助理、請設計師、請業務團隊……但今天，AI可以讓這一切瞬間消失。

傳統企業需求	AI 替代方案	成本節省比
美編設計師	Midjourney、Canva AI	90%↓
行銷企劃	Jasper、ChatGPT	80%↓
行政助理	Notion AI、Zapier	90%↓
業務銷售	Chatbot、銷售腳本AI	70%↓
客服人員	Intercom、Twilio	95%↓

換句話說：你不需要資金，你只需要一套AI工具與強大的行動力。

為什麼「現在」是絕佳創業時機？

1. **工具紅利時代**：過去需要工程師開發，今天一個人會操ChatGPT、Canva、Notion就能打造完整商業系統。
2. **市場教育成熟**：消費者已習慣線上交易與虛擬互動，數位產品

與服務需求快速成長。
3. **平台支持生態豐富**：像Gumroad、Shopify、Discord、Substack這些平台都已為創業者建好基礎設施。
4. **生成式AI技術成熟**：不再是理論上的AI，現在的AI能創造內容、經營品牌、處理用戶，是真正可運行的創業合夥人。

早一步開始，你就早一步拿到「AI創業槓桿」的入場券。

未來十年的創業主流：微型品牌＋高度自動化

根據未來商業趨勢分析，以下這些創業方向將主導未來十年的創富浪潮：

✿ 個人品牌 × 數位商品化（如AI教練、知識型訂閱）
✿ 垂直SaaS工具平台（如AI合約平台、創作工具包）
✿ 跨境內容與語言多元市場經營（AI翻譯＋本地化）
✿ AI顧問與整合服務提供商

而創業者將不再只是「老闆」，而是「AI流程設計者」與「價值鏈串接者」。

現在行動，未來就是你的

AI並不是取代你，而是幫助你省去80%的重複工作，讓你專注在最重要的價值創造上。而現在這個時刻，就是創業的黃金窗口期。

你不需要擁有一間公司，你只需要開始「像公司一樣運作」。你不需要資金，你需要的是對未來的理解與對AI工具的運用力。

成為CXO一人公司，改變你的人生，也改變這個時代。現在，就是最好的時機！

創富教育AI培訓的五大願景

AI驅動創富，讓每個人都能透過AI創造價值！

願景 1　讓AI成為全民創富的引擎

在歷史的轉折點上，真正改變世界的從來不是單一技術，而是那些能把技術普及到每個人的教育力量。創富教育正站在這樣的歷史關鍵點，致力於將AI從高端技術轉化為大眾創富工具，讓每一個人——不論背景、不論職業——能運用AI實現個人能力的升級與財富的成長。

我們的願景簡單卻偉大：「AI驅動創富，讓每個人都能透過AI創造價值。」這不僅是一句口號，而是我們對未來的深刻承諾。

為什麼這是一場全民創富的革命？

過去，技術紅利往往掌握在少數精英手中。軟體開發者擁有寫程式的能力，工程師理解系統架構，投資人掌握資本槓桿。但AI打破了這一切——你不必是工程師，也不必是設計師或金融專家，只要懂得如何善用AI工具，你就可以讓它幫你撰寫文案、設計簡報、製作影片、分析數據，甚至協助你創業。

創富教育要做的，不是「教你成為AI工程師」，而是「教你讓AI成為你的助手」，讓AI成為你個人價值的放大器、收入的倍增器與夢想的實現器。

🧠 三大核心理念：決策力、執行力、市場力的AI強化

我們的課程設計並不僅僅是工具操作的教學，更著眼於AI對個人「能力結構」的深層改造。我們將AI教育的核心落在三大關鍵能力的提升：

1. 決策力：從資訊過載中脫穎而出

AI可以成為決策輔助的引擎。透過ChatGPT、Notion AI等工具，我們教學員如何利用AI整理大量資料、擬定策略、洞察趨勢，讓每一項決策都有數據支撐、有邏輯依據。

2. 執行力：從個人執行者升級為流程設計者

創富教育培養的是「AI協作型人才」，學員將學會如何將AI工具整合進工作流程中，讓AI幫你完成繁瑣任務：生成簡報、寫作業報告、排程客戶信件、產出內容腳本。人不再需要事必躬親，而是專注於價值的創造與策略的判斷。

3. 市場競爭力：個人品牌 × 智能行銷 × 數據變現

在這個時代，誰掌握AI行銷能力，誰就掌握了市場話語權。我們教授學員如何用AI優化社群經營、生成銷售文案、分析顧客行為，打造個人品牌或電商品牌，讓「一人公司」也能擁有世界級的商業戰力。

🧠 三大學習方向：職場賦能、創業應用、投資強化

創富教育將學員分為三大目標群體，針對不同需求開設對應的培訓

模組，真正做到因材施教：

1. 職場升級者：讓 AI 成為你的工作外掛

對於上班族、行政人員、設計師、行銷人員，我們設計以效率為核心的課程，幫助他們使用 AI 提升產能、簡化流程、搶佔升遷機會。

2. 創業實踐者：打造 CXO 一人公司

對於創業家、斜槓族、自由工作者，我們提供完整的「AI 創業模型」，從商業思維、SaaS 系統整合到行銷投放自動化，協助他們用最少的人力創造最大的利潤。

3. 投資強化者：用 AI 擴展你的財務智慧

對於想學投資理財的人，我們提供 AI 投資助手課程，教你如何用 AI 分析市場、模擬交易策略、避開投資陷阱，培養新世代的數位資產管理能力。

課程模組化設計：學習就是變現的起點

我們設計的課程將以「任務導向＋模組化學習」為核心，讓學員在每一階段學完都能立刻產出實戰成果，例如：

- 學完 AI 簡報生成，即可替公司做業績報告或接案簡報
- 學完影片生成，即可開始短影音變現或個人頻道經營
- 學完行銷文案編寫，即可推動電商產品、個人品牌曝光
- 學完投資策略分析，即可優化自己的資金配置

學習不再只是理論堆疊，而是直接帶來收入成長與影響力擴展的「立體化價值養成」。

AI＋教育＋創業：打造新時代的「商業訓練所」

我們的終極目標是建立一個結合AI技術、教育訓練與創業實踐的平台。創富教育將不只是一間培訓機構，更是一個：

- **人才孵化器**：從學員中培育AI教練、顧問與創業者
- **商業創新實驗室**：與企業合作開發AI專案、導入培訓
- **全球創富社群**：打造一個有連結、有資源、有收入機會的AI共創圈

這將是一個「學了能賺、用了能變、變了能創」的全方位智能教育體系。

創富教育的未來五年戰略目標

為了實現我們的藍圖，我們將以下階段性策略推進：

1. **建構百套AI應用課程**：覆蓋職場、行銷、設計、創業、財務等五大應用場景
2. **培育千位AI導師與社群領袖**：打造AI教學與應用生態
3. **成立AI實戰學院**：打造線上與實體混合型課程中心
4. **導入企劃案×實習案×接案平台**：讓學員不只學習，更直接進入市場
5. **拓展亞洲×全球AI合作網絡**：建立與企業、平台、機構的跨界合作模式

讓每一個人，都能掌握未來的創富能力

AI的時代不是未來，而是現在。它帶來的不是威脅，而是一次前所未有的機會。而創富教育的使命，就是成為這場浪潮的橋樑與導航

者。

我們相信，每個人都值得擁有一個AI助理，每個人都應該成為「有槓桿、有能力、有未來」的創富者。這是一場全民的技術啟蒙，也是一場財富平權的教育革命。

現在，就讓我們攜手打造一個智慧、自由、共創的AI新世界。

願景 ② 打造每一個產業的競爭加速器

在AI帶動的數位轉型浪潮中，真正能脫穎而出的，將不再是「懂技術的人」，而是「懂得如何在行業中運用AI創造價值的人」。這就是創富教育在設計培訓課程時始終堅持的一項核心理念：AI必須與行業深度結合，才能真正釋放競爭力。

為什麼「AI＋行業」是企業與個人突破瓶頸的關鍵？

技術從來不是目的，而是手段。AI再強，如果不能落地到實際的產業場景，就只是空談。不同的產業有不同的運作邏輯與痛點：醫療講究精準與風險控管、電商需要流量與轉化、教育重視個性化與互動、金融追求速度與風控……這些特性決定了AI工具要「因產業而用」，而不是「一招打天下」。

創富教育認為：AI技術要真正為個人與企業創造價值，必須要有產業知識的底層結合與應用場景的重構能力。

五大產業的AI賦能場景與課程方向

以下是創富教育目前重點布局的行業AI培訓方向：

1. 金融產業｜AI風控、量化投資、智慧理財

AI在金融業的應用已相當成熟，包括：
- 量化交易與市場預測模型
- AI信用風險評估系統
- 詐欺偵測與資金追蹤演算法

創富教育針對金融人員設計模組化課程，讓銀行業、保險業、證券業從業者，快速掌握如Python金融分析、AI預測模型建置、Robo-advisor投資策略等實用技能。

2. 電商與銷售產業｜AI行銷、自動客服、轉換率提升

在流量成本高漲與競爭白熱化的背景下，AI成為電商創業者與銷售團隊的秘密武器：
- ChatGPT自動生成產品文案、廣告腳本
- AI圖像工具生成Banner與影片素材
- 智能客服提升回應效率、降低退貨率
- 精準推薦系統提升客單價

創富教育幫助學員學會建構完整的「AI商業閉環」：從廣告投放到客戶服務全自動化，讓一人公司也能做到千人規模的銷售力。

3. 教育產業｜AI助教、內容生成、智慧學習平台

教育產業正迎來AI革命：
- AI助教系統可協助教師批改、生成教案、解釋概念
- 學生可根據自身進度自訂學習內容與挑戰
- AI語音識別與多語生成讓線上教學全球化

我們提供從基礎教學者到教學平台創業者的AI教學技能培訓，讓每一位教育者都能以AI打造「個人智慧教室」。

4. **創業與顧問業｜AI執行力 X 商業模型自動化**

AI為創業者提供了巨大的槓桿：

- 快速驗證商業點子與市場需求（ChatGPT + AutoGPT）
- AI自動產出企劃案、品牌設計、網站建置建議
- 打造無人客服與智能接單系統

創富教育針對想要建立CXO一人企業的學員，設計全套「AI自動創業系統訓練」，從0到1建立商業閉環。

5. **自由職業者與斜槓者｜AI強化個人品牌與產能**

不想當員工、不想創業，也能透過AI成為「自由創富者」：

- **自媒體創作**：影片腳本、文案、圖像快速產出
- **接案產能提升**：翻譯、設計、簡報、行銷全能強化
- **專業技能進化**：AI工具讓你學得更快、接得更多案

創富教育將自由職業者定位為「個人商業體」，透過AI讓他們具備如團隊般的產能與彈性，重塑斜槓經濟的運作邏輯。

AI行業培訓的六大特色

1. **場景導向教學**：每堂課都從「真實產業痛點」出發
2. **工具實作搭配產業案例**：不只是教你怎麼操作，還教你如何用來解決本行的問題
3. **跨產業交流平台**：鼓勵行業知識共享與AI實踐心得互補
4. **即時更新課程內容**：跟上AI工具與應用的快速演進
5. **專屬AI導師輔導機制**：從技術到產業應用，皆有業師輔導
6. **市場導向專案成果評估**：讓學習成果可以直接對接職場或創業

AI＋行業，不只是生存，是競爭制勝的關鍵

在這個AI加速的時代，只有具備「產業＋AI融合能力」的人，才有資格成為未來的領導者。而創富教育的角色，就是做這個橋樑、這個轉化器——讓每一位學員都能用AI在自己熟悉的行業中創造前所未有的競爭優勢。

不論你是教師、創業者、銷售人員還是內容創作者，在這裡，你不只是學習技術，而是在建構你的「AI時代競爭力」核心。

願景 3　讓AI成為你最強的無限員工

在這個人工智慧加速普及的時代，「效率就是競爭力」不再只是一句口號，而是創業者與企業能否在市場中生存的關鍵。創富教育深知，學會使用AI，不只是學一套技術，而是學會一種「未來工作的方式」。我們不只是教授AI概念，更是幫助學員打造一個能持續創造價值的AI實戰能力，讓AI成為每個人工作與創業的「無限員工」。

為什麼AI自動化是未來工作最關鍵的生產力？

AI的本質不是炫技，而是解放人力。大多數人在職場與創業初期，時間與精力都被重複性任務耗盡，例如處理客戶回應、撰寫文案、分析報表、安排排程、製作簡報等。但這些任務幾乎都可由AI自動化完成，甚至表現得比人更快、更精準。

透過創富教育的AI自動化課程，學員將學會如何讓AI：

✿ 24小時無間斷工作

✿ 零失誤完成複雜任務

✿ 快速回應市場需求，縮短決策與執行時間

✿ 大幅降低創業與經營的成本門檻

✪ 這不只是學習，而是進入「AI驅動工作」的新世界。

五大核心應用模組，從學習到實戰

創富教育的AI自動化實戰課程，特別針對個人創業者、自由接案者、中小企業主與專業從業人員，設計出五大實戰模組，讓學員可即學即用，立刻應用在工作與商業上：

1. AI自動化行銷模組

- 使用ChatGPT、Copy.ai撰寫高轉化率廣告文案
- 使用Jasper、Writesonic自動產出電子報與部落格文章
- 利用Midjourney製作社群圖像與品牌視覺
- 整合Meta Ads / Google Ads廣告投放自動優化策略

★ 成效：每日減少5小時行銷工作、廣告ROI提升30%＋

2. AI內容創作與品牌營運模組

- 一鍵生成影片腳本（Runway、Pika Labs、HeyGen）
- 自動剪輯與配音，建立YouTube / TikTok自媒體頻道
- 生成多語言社群貼文，擴展國際市場
- 建立自動排程發布流程，打造「內容機器」

★ 成效：內容產出速度提升5倍，自媒體變現更快速

3. AI財務與營運效率模組

- 使用ChatGPT＋Excel結合進行財務報表解讀與預測
- 應用Notion AI自動整合日報、任務追蹤與專案管理
- 導入AI排程助手管理會議、行程與提醒
- 自動生成報告與KPI概要，減少管理時間

★ 成效：行政時間減少50%，決策速度大幅提升

4. AI 銷售與客服管理模組

- 導入 AI 聊天機器人實現 24/7 客戶回應（Tidio、Landbot）
- 使用語音助理處理電話客服與產品說明
- 建立 CRM 自動化流程：詢問→跟進→成交→售後追蹤
- 精準分析客戶需求，提供智能推薦與交叉銷售建議

★ 成效：客服成本下降 70%，成交率顯著提升

5. AI 自動創業模組（All-in-One 商業自動化）

- 整合所有模組工具，打造 AI 全自動商業模型
- 建立個人品牌網站＋行銷漏斗＋自動金流串接
- 開發 AI SaaS 服務平台（無需會程式）
- 用 AutoGPT 建立多任務 AI 執行代理人，取代傳統團隊

★ 成效：一人即可管理一間公司，創業效率翻倍

🧠 我們不是教學員「學 AI」，而是教學員「用 AI 創富」

這就是創富教育的核心精神——實戰導向×產能導向×盈利導向。

我們相信未來不會有「科技落後」的企業與人才，只有「沒有 AI 思維與工具實力」的人會被市場淘汰。我們的課程，不是給你一本書、幾個概念，而是讓你：

- ✿ 親手操作每一個工具
- ✿ 打造屬於自己的 AI 自動化系統
- ✿ 立刻提升你在工作與市場上的價值

🧠 AI 是你最忠實、最高效、最不喊累的夥伴

你不需要懂寫程式、不需要有科技背景，只要願意學習，我們就能

幫你完成：

✿ 從工作者 → 擁有AI助理的超級產能者
✿ 從創業者 → 擁有AI團隊的高效CEO
✿ 從學習者 → 擁有AI商業能力的實踐者

讓AI成為你的「無限員工」，讓創富教育成為你的「AI導師」——這就是我們的使命。

願景 4　培養AI時代的新創富領袖

在過去的工業時代與數位時代，創業往往需要龐大的資金、人力、資源與時間門檻。但進入AI時代，一切都在改變。AI不僅是技術工具，更是「商業槓桿」。它讓創業從「重裝備」變成「輕啟動」，從「依賴團隊」變成「個人可控」，更讓每一位有想法的人，都能靠AI建立自己的微型企業、知識產品、數位品牌，成為新時代的創富領袖。

創富教育的定位就是幫助學員從AI用戶進化為AI企業家，培養出「會操作工具＋懂設計模式＋能創造價值」的AI創業家，讓創業不再是菁英的專利，而是人人可行的現實。

AI × 商業的三層變現邏輯：從工具使用到商業模式建構

我們在訓練過程中，帶領學員掌握AI賦能創業的三個層次：

1. 工具應用：從「使用者」變成「生產者」

這一階段，學員學會使用ChatGPT、Midjourney、Runway、Notion AI、Copy.ai、Descript、HeyGen等主流工具，具備以下能力：

📍 內容生成（影片、文案、廣告、簡報等）
📍 行銷自動化（客戶名單管理、投放優化、社群經營）

📍 業務系統化（CRM、客服Chatbot、流程設計）

這是一切商業應用的基礎，目標是讓AI成為你創業的第一位「虛擬夥伴」。

2. 解決方案：從「功能」變成「服務」

AI工具只是能力的延伸，真正的價值是「用來解決什麼問題」。這個階段，我們會協助學員聚焦在特定產業或領域（如教育、銷售、內容行銷、財務、心理諮詢、健身等），建立解決方案並包裝成商業產品。例如：

✿ 用AI打造教育講師專用的課程生成器
✿ 為電商商家提供AI自動化產品說明與圖片生成服務
✿ 替自由職業者設計「一鍵完成行銷」的AI服務平台

這個階段，學員將學會產品化思維與服務設計邏輯。

3. 商業模式：從「專案」變成「系統」

最後，我們將協助學員建構可持續營運的商業模式，包含：

✿ SaaS（軟體即服務）平台設計
✿ 訂閱經濟與會員變現模式（如Notion模板＋教學＋社群）
✿ 數位產品販售（教學影片、線上課、AI工具包）
✿ 自媒體流量轉換（用AI放大曝光＋變現）

透過這樣的模式訓練，我們幫助學員打造一套「低人力、高槓桿、可複製」的AI賺錢機器。

🎧 實作導向：從學習到落地的三步驟

為了確保每位學員從學習到創業的過程可被實際複製與驗證，我們設計了三階段實作訓練：

階段1：啟動你的AI商業點子

協助學員找到結合自身經驗與市場需求的商業痛點，搭配合適的AI工具，快速生成MVP（最小可行產品）。

階段2：打造一頁式自動化商業模型

學會設計「流量 → 信任 → 購買 → 售後」的全流程，利用AI工具完成頁面、文案、行銷腳本與客服機制。

階段3：快速測試市場與迭代優化

透過AI工具每日追蹤營運數據，自動優化產品與服務，並結合自動回饋機制持續提升轉換率與客戶黏著。

從0到1，打造你的AI商業系統

學員完成訓練後，將具備以下能力：

☑ 具備一套專屬的AI工具應用能力
☑ 建立個人品牌、內容變現與社群影響力
☑ 擁有可自動運作的商業閉環（接單、成交、服務、追蹤）
☑ 成為自由創業者、知識創富者或微型創業者

這些不是夢想，而是在創富教育學院的每一個課程中，真實發生的成果。

AI創業的時代，人人都可以是創業家

未來10年，最大的創富機會不在傳統行業，也不在資源密集產業，而是在「小而精」的AI創業者手中。這些人能用最低的成本、最快的速度、最小的團隊、最高的效率，創造最大價值。

創富教育，就是這群人誕生的搖籃。我們相信，每個人都可以是創業家，只要你有勇氣開始，而我們有AI給你全方位的支援。

願景 5　AI連結全球市場——打造國際級競爭力

在過去，跨足國際市場往往意味著高昂的資源門檻：語言障礙、文化差異、物流成本、當地法規限制……這些問題對中小企業與個人創業者而言，幾乎是難以逾越的高牆。但今天，在AI驅動的時代，這些限制正被快速打破。

創富教育深信：「AI是打開世界的萬能鑰匙」，我們致力於培養具備國際視野與實戰能力的創富人才，幫助學員透過AI工具與策略，在全球市場中建立自己的影響力與收入來源。

AI打破語言與文化隔閡，讓每個人都能「跨境創富」

語言曾是國際創業與行銷的一大門檻。但透過AI翻譯與本地化工具（如DeepL、Google Translate API、ChatGPT的多語回應功能），學員可以：

- 自動將商品資訊轉換成多語版本（中、英、日、德、西班牙文等）
- 產出符合在地語境的行銷文案
- 用AI自動生成社群貼文與廣告腳本，針對不同語言市場設計策略方案
- 即時翻譯客服對話，提供24小時跨語服務

這意味著，即使不會多國語言，也能與全世界溝通，建立「本地營運，全球營收」的全新模式。

AI賦能的全球行銷策略，讓個體品牌走向世界

創富教育的課程中，我們會教導學員如何使用AI完成全球行銷的五大關鍵任務：

1. 全球關鍵字研究與市場分析

使用ChatGPT結合SEO工具（如Ahrefs、Semrush）來分析不同國家的熱搜關鍵字與痛點，找出市場機會。

2. 多語內容自動生成

使用Jasper AI、Copy.ai、ChatGPT等工具，建立多語版本的網站文案、商品說明、部落格文章與社群內容。

3. 多平台智能廣告投放

學會整合Meta Ads、Google Ads、TikTok Ads並搭配AI分析工具自動優化廣告表現。

4. 國際社群營運

透過AI工具安排貼文排程、自動翻譯留言回應、追蹤多語流量表現，讓學員能在Instagram、LinkedIn、YouTube等平台經營全球粉絲群。

5. AI客戶管理與追蹤

導入AI CRM系統，管理不同國家的潛在客戶與轉單機會，提供個性化行銷路徑與自動化電郵行銷。

跨境電商 × AI：建立無國界的商業版圖

創富教育也將協助學員搭建「AI×跨境電商」實戰能力，包括：

- 使用Shopify、WooCommerce結合多語AI文案，快速建站
- 透過Midjourney與Canva AI製作全球視覺風格的產品圖與廣告素材
- 整合物流平台與國際金流（如Stripe、PayPal、Shopify Payments）
- 使用AI進行客戶行為預測與熱銷產品分析

✿ 建立全球顧客名單與分眾行銷機制

不論是販售數位產品、AI工具包、線上課程或實體商品，AI工具都能協助學員跨越地域限制，打造穩定且具規模化潛力的跨境收入流。

全球合作與外包：用AI擴展團隊，而非壯大人力

全球競爭不一定需要「全球辦公室」，而是透過AI建立「全球合作網絡」。學員將學會如何利用平台與工具：

✿ 用ChatGPT撰寫英文外包說明，於Fiverr、Upwork、Toptal招募國際合作夥伴
✿ 用Notion AI管理遠端專案與文件
✿ 透過AI預審履歷與作品，自動配對最佳合作者
✿ 使用Slack AI機器人協助遠端溝通與協調

這讓學員在沒有國際資本、無需設立分公司或辦事處的情況下，也能打造「全球化運營的小型商業帝國」。

AI是你與世界接軌的起點

創富教育所強調的，不只是學技能，不只是做品牌，而是「幫助每個人有能力把創意、價值與產品，輸出到世界」。

我們相信：

你不需要會說一口流利的英文，不需要聘請國際團隊，不需要砸百萬做市場開發。

你只需要一套正確的AI工具與方法論，我們就能協助你：

✿ 從台灣連結東京與紐約
✿ 從自媒體經營者變身國際內容創作者

✿ 從一人工作室變成「全球數位企業」的經營者

這就是創富教育的願景：讓AI成為每個人走向世界的橋樑。

創富教育AI訓練的核心特色

✿ **行業導向的AI課程**：專注於AI在金融、電商、行銷、創業等領域的應用。

✿ **實戰導向的AI訓練**：不只是理論，而是直接上手應用AI工具，解決實際問題。

✿ **商業與創富並重**：教授AI商業模式，幫助學員將AI轉化為收入來源。

✿ **持續學習與更新**：AI技術日新月異，創富教育提供終身學習支持，確保學員保持領先。

✿ **社群與資源整合**：學員將加入創富AI社群，與志同道合的創業者、專家、企業家交流。

創富教育的AI培訓不只是學習一項技能，而是幫助學員運用AI來提升競爭力、創造財富、實現個人與企業成長。我們的願景是讓每一位學員，都能成為AI時代的贏家，無論是在職場、創業還是投資領域，都能夠運用AI開創新的財富機遇。

現在就加入創富教育，讓AI成為你的創富加速器！

大師的選擇，就是你的方向
各領域頂尖名家出書首選──
創見文化

大師們一致信賴！

他們都選擇由創見文化出版
他們的經典之作！

- AI應用賦能權威教練 **吳宥忠**
- 全球領導力導師 **麥斯威爾博士**
- 亞洲創富教育導師 **杜云生**
- 商業談判大師 **羅傑・道森**
- 兩岸創業導師 **林偉賢**
- 潛能開發大師 **查爾斯・哈尼爾**

名家大師盡在 **創見文化**

您還在猶豫要不要出書嗎？若您擁有專業內容、個人品牌或實戰經驗，創見文化．就是您最堅強的出版夥伴！

邁出出書第一步，現在就加入大師的行列！

- 台灣最具品牌力的專業出版社
- 各大書店暢銷榜 TOP20 出版社
- 聚焦商管｜財經｜職場領域
- 提供一條龍出版全方位服務
- 為您打造市場能見度與高品質內容

中國企業家首席導師 王冲

系統創富大師 艾莫

中國教育培訓權威 姬劍晶

頂尖名家，
皆選創見！

華人成功學權威 陳安之

世界上最偉大的銷售員 喬·吉拉德

創富教育 CEO 杜云安

★ 專業團隊 ★　★ 量身打造 ★　★ 行銷實戰 ★　★ 品質保證 ★

讓書成為您的事業加速器，讓品牌影響力一出版就看得見！
成為專家＆權威，創見助您一步到位！
現在，就是您成為作者的最好時機！

立即聯繫 創見文化，開啟您的出書之路！
歡迎洽詢 02-2248-7896 分機 302 蔡社長 mail：iris@book4u.com.tw

**以書引流
以課導客**

出書，讓你被全世界看見
書是你最好的名片

★ 推廣自家產品 ★
★ 建立個人品牌 ★
★ 最吸睛的公關 ★
★ 創造被動收入 ★
★ 晉升專業人士 ★

你想成為暢銷書作家，
借書揚名、名利雙收嗎？
只要出版一本自己的書，
就能躋身成專家、權威、人生贏家！
是你躍進強者階層的最短捷徑，
創造知名度和擴大影響力！

已協助數百位中台港澳東南亞素人作家完成出書夢想
服務專線：02-82458318

【專業整脊服務介紹】

🐂 **服務特色** 我們提供專業的「雙人整脊」服務，不僅安全、無痛，更特別適合運動員進行身體調整，對提升運動表現有極大幫助。不同於坊間整骨業者常見的「咖咖咖」用力扭轉手法，我們的整脊技術強調**溫和、安全與有效**，並致力於帶給客戶真正的改善與舒緩體驗。

👤 自我介紹｜周渭博

從小到大，我一直不是個顯眼的人。小時候的我非常害羞，不敢表達自己的想法與情感，矮個子，體育不出色，課業成績也非常普通，很少與人交流。直到高職，我才終於交到了幾個朋友。第一次感受到有朋友的感覺，也讓我開始敢於開口說話，願意與人互動，但那時的我仍不懂得人生的方向。

退伍後，我面臨人生的第一個關卡。沒有一技之長，也不清楚自己適合什麼，為了磨練膽量，我選擇投入保險業，心想這是個可以訓練口才、提升能力的行業。剛開始我滿懷信心，但現實卻狠狠給了我一記當頭棒喝。六年的時間，我在保險業載浮載沉。幾次投資失敗，結果不但沒有成功，反而讓我背上了200萬的債務。

最終，我鼓起勇氣向媽媽坦白了自己的處境。她沒有責怪我，幫我一同擬定還款計畫，也給了我一個重新開始的機會。也因為這份鼓勵，我才終於下定決心離開保險業，卻也成為我人生的一個重要轉捩點。

就在這個時期，我遇見了現在的老婆，也是當時的女友。她是一個非常支持我、懂得包容與溝通的人。我們商討一起投入寵物美容旅館的經營，靠著老婆的寵物美容專業，我們一步一步摸索、努力、改善，終於讓事業慢慢步上軌道，也建立起深厚的夥伴關係。如今，我們的寵物美容旅館已經經營近十年，成為當地頗具口碑的品牌。

然而，由於長期工作需要彎腰，使得我年輕時椎間盤凸出的舊傷復發。為了治療這個困擾多年的問題，我嘗試過各種方式，前後治療超過50次，卻始終得不到根本的改善。直到有一天，我接觸到一種「雙人整脊」的手法，只用了不到兩個小時，竟然讓我多年的疼痛得到明顯的舒緩，這讓我非常驚訝。

那一刻，我對這項技術產生了濃厚的興趣，甚至燃起想要學習的念頭。老婆得知後非常支持我，給我鼓勵與空間，於是我展開了近一年的學習之路。從完全

不懂到逐步理解人體構造、力學運作，我一步一腳印地累積經驗，終於順利開業，走上了新的職涯道路。

從執業至今，已經六年半了，我有幸服務超過4000多位的客人，幫助他們解決關節與身體結構上的問題，看到他們從疼痛中解脫，是我最大的成就感。我也因此結識了許多演藝界的朋友，如王若琳、林柏宏、張銘杰、兵家綺等人，也曾服務過全明星棒球隊、龜山少棒隊、三商慢壘隊等球隊。每一次的合作，都讓我深感榮幸，也更堅定自己走在對的路上。

這份行業不僅改變了我的人生，也改變了別人的人生。曾經的無助與迷惘，到現在的自信與成就感，不僅讓自己有了穩定的收入，成家立業。感恩！謝謝我的師父"黃正斌"，將這麼珍貴的技術傳承下來。

我也希望將這套雙人整脊的手法傳承下去，讓更多人受益，特別是運動員。運動表現與身體結構密切相關，只要身體穩固、結構正確，不僅能避免傷害，更能發揮最大的潛能。

我的夢想，是希望有一天，我可以成為運動員最強的後盾。協助拿下一面面的金牌。也讓世界看見我們在專業領域上的用心與實力。

"雙人整脊"不僅是一門技術，更是一種責任與愛的傳遞。如果你有興趣，或曾因身體問題受苦，卻找不到真正的解決之道，歡迎與我聊聊，一起學習，讓更多人受惠。

我是"渭博"傳統整復推拿創辦人，周渭博。

邁向AI創富的下一步，就從這裡開始！

AI創富學院

看懂了趨勢、找到方向，現在，是時候行動了！

成為AI顧問
系統化培訓＋實戰輔導，打造高收入AI顧問職涯。

學會AI賺錢
從內容創作到自媒體、自動化副業，人人都能變現。

資源對接整合
打通技術、人才、流量與資源，創業不再單打獨鬥。

共創AI項目
與學員共創AI專案，打造共享分潤的事業版圖。

現在，就是你啟動AI創富引擎的時刻！

臧正民 創富教育總經理

杜云生 創富教育董事長

杜云安 創富教育CEO

絕對成交俱樂部

專業講師團帶你成為行業第一

你是否有這些煩惱？

不知道去哪裡找客戶嗎？
不知道怎麼邀約客戶嗎？
不知道該如何和客戶溝通嗎？

全方位技巧與心法一次到位
一站式為您解決所有問題點

思維突破
跳脫以往思維框架
打造全新知識版圖

爆炸式成交力
親身經歷+國際大師
的成交法則

全程無憂服務
工作日9-18點
客服全程在線

/ 十大福利

線上影音課

爆炸式增長線上影音課程　永久免費觀看

爆炸式增長社群陪跑　大師在線為您解惑

福利加贈①

專業教練咨詢診斷　　線上咨詢預約制

創富攻略大揭秘　　　Zoom線上直播課

福利加贈②

8大電子書　　加深:理解課程內容　加廣:開拓知識面

*內含:銷冠話術14篇、成交36計（上+下集）、全球五百大企業培訓七大秘籍、亞伯拉罕著名的40個引爆流量標題、打破恐懼成交法、發展團隊的五大步驟、電話邀約三部曲、讓客戶自動說"yes"的四步驟

限時優惠 早鳥價

總價值12,000元

399 元

詳情請洽創富客服專員

電話:02-77297980
LINE@ ID: @jjf1436z

加入好友
獲得課程資訊

創富夢工場® FORTUNE DREAMWORKS

AI初階顧問群

🚀 **歡迎進入《AI創富引擎》的下一站！**

打造你在AI時代的專屬顧問定位！

你已經看到這裡，說明你正在啟動改變人生的行動。

別讓這股動力停在這裡，在這裡，你將與一群來自各行各業、對AI充滿熱情，每天吸收實用技巧、商業觀念與創富機會！

- ✅ AI賦能應用班
- ✅ CHATGPT實作班
- ✅ AI寫作班
- ✅ AI簡報設計班
- ✅ AI賦能創富班
- ✅ AI業務業績提升班
- ✅ AI顧問初階班
- ✅ AI打造千萬IP 變現班
- ✅ AI 數位知識庫建立班
- ✅ AI自媒體經營與變現班

AI賦能教練
吳宥忠

Line社群

AI的創富路上，不是你有工具就贏，而是你有圈子、策略、機會

《AI初階顧問群》是你最實用的第一步

真永是真
Knowledge Feast Lecture

給你可實踐的智慧、可複製的成功邏輯，為你的未來打開行動路徑！

《真永是真》給您
999則定理 × 360度智慧學習

- 個人成長
- 認知升級
- 時代趨勢
- 實踐策略

《真永是真》人生大道叢書，是匯聚跨界賢達之力共同編纂而成的。總結了數千則人生大道理，並從超過萬本經典與實戰書籍中，精選出999則歷久彌新的真理，將古今中外成功者的思維模式、人生原則、處世邏輯進行系統整理與深度濃縮，讓真理以嶄新方式呈現，轉化為當代可實踐的人生智慧，使之更貼近AI時代應用。

這是一套從知識走向行動的指南，也是您在混沌時代中做出選擇、逆勢翻盤的秘密武器。讓您一次讀通、讀透關鍵大道理！不只是讓您知道「發生了什麼」，更讓您學會——如何思考、如何選擇、如何不被淘汰。不只是助您讀懂書，更教您如何運用知識解決問題、創造價值。為您的人生導航，成就最好的自己！

★ 每一句真理，都是一種「可實踐的思維模式」★
★ 每一頁內容，都是您AI時代的「認知導航系統」★

《真永是真》系列叢書，為您重啟認知導航系統，打造AI時代生存力！

☑ 內化為行動的智慧　☑ 啟動人生轉變的指南　☑ 傳承給下一代的思想資產

一生必讀的999則智慧真理：

- 紅皇后效應 莫菲定律 馬太效應
- 鯰魚效應 達克效應 木桶原理
- 長板效應 彼得原理 AI賺錢術
- 古德法則 格羅夫定律 AI賦能
- 內捲漩渦 量子糾纏 NFT&NFR
- 摩爾定律 帕金森定律 AI變現
- 啟動人生新格局的20個心理學金律
- 員工自動自發的21個管理學金律

美地工程：專業工程服務的領導

Mei De LTD

關於美地工程

美地工程有限公司成立於2012年，擁有超過13年的專業經驗，總部位於新竹北。我們從一個小型工程團隊，發展成為業內備受信賴的專業服務提供商，與超過100位設計師及80家設計公司合作，專注於為客戶提供客製化空間解決方案。

美地工程的前身是「米地環保工作室」，我們秉承「如實、如質、如期」的念，將專業精神與創新技術結合，致力於為客戶打造安全、高效、高品質工程服務體驗。

服務項目

防護工程

- 沙發、家電防護
- 裝潢前全室防護
- 入住後局部防護
- 場辦、商空防護
- 梯廳、公設防護

1. 精確覆蓋關鍵區域，使用高品質材料保護家具與地板免受施工損害
2. 提供防塵、防撞、防刮的全方位保護，維持家具的美觀與功能。
3. 在屋主居住期間施工時，特別加強局部防護，確保生活品質不受影響
4. 針對電梯、走道、樓梯等公共區域，提供專業防護，避免施工期間損害。

專業拆除工程

- 室內格局拆除
- 商業空間拆除
- 舊屋翻新
- 局部拆除
- 淹水及白蟻蛀蟲處理

1. 安全拆除隔間牆、天花板、地板及門窗，為空間重新規劃奠定基礎
2. 針對店鋪、辦公室等商業場所，提供符合法規與安全標準的拆除服務
3. 專注於舊屋的全面翻新，提供從拆除到重建的一站式解決方案。
4. 根據空間需求，進行精準的局部結構拆除，滿足重新設計的需求。
5. 針對淹水與白蟻造成的損害，提供專業修復與防治服務。

裝潢後精緻清潔

- 粗清服務
- 細清服務

1. 處理大量垃圾與建材廢棄物，恢復施工區域的整潔（需另行報價）
2. 包括粉塵清除、油漆殘留處理、玻璃擦拭、地板清潔及水塔清洗，保交屋時的完美狀態。

專業廢棄物處理(協力廠商)

- 施工廢棄物管理

1. 提供建築與裝修廢棄物的分類、回收與處理服務，確保環保合規

搬家服務

- 專業搬家

1. 從打包、運輸到安置，提供全方位的搬家服務，減輕客戶負

定期保養服務
- 住家與公司保養
  1. 定期進行全面清潔與保養，確保空間功能與美觀維持最佳狀態。

園藝綠化服務(協力廠商)
- 社區與住家綠化
- 植栽設計與維護
- 屋頂花園與陽台綠化
  1. 提供庭院、社區公園、商業大樓的綠化設計與維護服務，提升環境美觀與品質。
  2. 針對庭院與戶外空間，提供景觀設計、植栽配置及定期修剪服務。
  3. 為住家與商業空間打造舒適的綠色環境，改善空氣品質與生活體驗。

專業消毒與除蟲(協力廠商)
- 防疫消毒
- 害蟲防治
- 居家與商業空間消毒
  1. 針對新冠病毒、流感病毒等，提供抗菌防護，降低病毒傳播風險。
  2. 採用環保型驅蟲技術，專業防治白蟻、蚊蟲、蟑螂、老鼠等害蟲，確保長效保護。
  3. 針對住宅、辦公室、學校、餐廳等場所，提供深度消毒服務，確保健康環境。

AI 智能管理系統（開發中）
- 效率提升
  1. 透過數據驅動的智能系統，優化施工管理，提升工程進度與質量控制的精準度。

為什麼選擇美地工程？

- **超過13年的專業經驗：** 累積上千件工程案例，專精於防護、清潔、拆除等領域，讓您無後顧之憂。
- **高標準作業流程：** 標準化的施工流程，嚴格把控安全與品質，降低施工風險。
- **客製化服務：** 與超過100位設計師及80家設計公司合作，提供最符合客戶需求的工程解決方案。
- **一站式整合服務：** 從防護、拆除、清潔、搬家、園藝綠化、消毒防疫，我們提供一條龍專業服務。
- **強大的產業聯盟：** 攜手「美及升」「薪榮環保」「美盈薪」等合作夥伴，提供粗清、細清、廢棄物處理等全方位服務，確保裝修過程無縫銜接。

美地工程的承諾

我們相信，每一個空間都有其獨特的故事，美地團隊致力於透過專業的技術、創新的思維與貼心的服務，為客戶打造安全、高效、高品質的工程體驗，為您呈現最完美的成果。

美地工程 – 您最安心的裝修前期夥伴！

張皓暉：0905-001300
羅偉燕：0926-350372
美地工程電話：03-6688601
md6688602@gmail.com
地址：竹北市鳳崗路一段251巷6號附屬倉庫
（竹北市鳳崗路一段250巷巷口正對面）

美地工程：一段跨越海峽的創業旅程

有時候，我會坐在公司的辦公室裡，望著窗外發呆。那些年，我和偉燕一起打拼的日子，像電影一樣在腦海裡一幕幕閃過。

從一間小小的清潔工作室出發，到逐步建立團隊、孵化內部創業夥伴，邁向跨領域企業平台的理想；同時養育五個孩子、照顧雙方長輩，這條路並不容易，但每一步都踏實而深刻。

一、創業之初：跨海的夢想與現實

我出生於台灣一個普通家庭，雖非富裕，卻耳濡目染父母常說：「做人要實在，做事要認真。」年輕時，我在電子公司擔任作業員，下班後還到工地兼差。滿身粉塵、手上長繭，但內心踏實，因為我知道，這一切都是為了更好的未來。

我的太太羅偉燕，是從中國大陸嫁來台灣的堅毅女性。2004 年開始從事清潔工作，每天早出晚歸，把每個家庭都打掃得一塵不染。她的勤奮和負責，贏得了客戶的信任。常常我想，如果沒有她的支持，我可能無法鼓起勇氣走上創業之路。

退伍後的轉折

我曾在憲兵服役五年半，軍中磨練了我的紀律與堅持。退伍後，我與太太接手「米地環保工作室」，展開創業旅程。

我們毫無資源，只能從最基層的工作做起：裝潢後的清潔、防護...等只要是別人不願做的，我們都勇敢接下。

人們常說：「吃水果拜樹頭。」米地是我們的起點，美地是我們的現在。希望透過專業服務，讓更多人記住「美地」，延續「米地」的精神。

二、公司的成長與多元發展

創業初期困難重重，資源有限、市場陌生，我們從清潔做起，一步步累積口碑。隨著台灣房地產熱潮來臨，裝潢後的清潔與保護工程需求大增，我們憑藉專業與細心，逐漸在業界站穩腳步。記得有一次，我們接下大型裝潢工程，時間緊迫、要求嚴格。

我和太太幾乎通宵達旦，當時老大才小學二年級，也跟著我們一起在工地。靠著團隊的努力，我們如期完成任務，客戶極為滿意，不僅持續合作，還推薦給其他設計師。那一刻，我內心滿是感動，所有的辛苦，都值得了。

三、技術創新與平台轉型

近年來，我們積極導入 AI 與自動化技術，開發智能管理系統，提升服務效率與品質。雖然科技讓我們更精準地執行任務，但我始終相信，再尖端的技術，也比不上人的「用心」。美地真正的核心，不僅是技術，而是每一位員工的認真與負責。

四、文化培育與創業精神

在美地，我們鼓勵創新，提倡內部創業。我們推動「孵化計劃」，讓有潛力的員工帶領團隊，開拓新業務。不只提升員工的成就感，也注入公司新的活力。我常對員工說：「美地是大家庭，你們的成長，就是公司的成長。」我們一起奮鬥，也一起分享成果，這種感覺，真的很溫暖。

五、未來展望與社會責任

未來，我們將美地定位為全方位工程服務平台，從設計、施工到維護，提供一站式專業服務。我們也計畫拓展至東南亞市場，讓更多人認識美地。

此外，作為企業，我們積極參與公益、支持環保，期望建立一個綠色、可持續的營運模式。因為我們相信，企業的成功，不只是賺錢，更在於回饋社會。

結語

這些年來，我與太太攜手走過無數風雨，也一起迎來陽光燦爛的日子。我們不僅建立了一個多元的企業體系，更培育出一支充滿熱情與創造力的團隊。我們的故事，是關於夢想、堅持，以及跨越文化與地域的共同努力。

每當望見公司持續成長，我心中充滿感激，感謝員工的付出、客戶的支持，及太太無怨無悔的陪伴。未來，我們會繼續腳踏實地前行，因為我們相信，只要努力，夢想一定會開花結果。